Photoshop

影像編修與視覺設計

{ 適用CC 2019~2021，含國際認證模擬試題 }

序

在職場上，Adobe 的各項軟體，是平面設計、網頁設計、影音動畫與數位內容製作必備的技術與工具，本書特別結合認證考試目標、必學的基礎工具、實務工作時必須應用的專業與技巧，作為規劃撰寫。漂漂老師衷心期盼讀者能透過此書，不但加強讀者本身在設計領域的專業技能與知識，同時取得原廠國際認證，提升個人在職場中的競爭力！

特別感謝

本書所有照片由中華數位設計創作協會、梵影媒體、Happy 愛犬屋、攝影師 Andre Lin（排名以英文排序）、及漂漂老師本人提供！

★ Andre Lin 為知名旅拍攝影師

★ Happy 愛犬屋：https://www.facebook.com/fourdoggies

漂漂老師 / 蔡雅琦

本書導讀

本書撰寫以設計領域常用的實務技巧、製作,進行範例設計,讓讀者能不僅學會軟體的操作,並且在影像處理、合成設計到輸出,能完整融會貫通。

另外特別規劃 ACP 考證五大目標作為章節區分,各章節分別以:1. 必用基本工具與功能、觀念介紹、2. 實務製作範例、3. ACP 範例題庫,三大單元組成,內容不但可作為考前測驗準備,並讓想擁有專業能力與國際證照的讀者,可同時在本書中獲取所需的知識!

從事教育領域的教授與老師,尚可參考 certiport 官方提供的英文考證練習,相關資料:

● **Adobe Certified Professional (ACP) 介紹 / 練習資訊**

　https://certiport.pearsonvue.com/Certifications/Adobe/ACP/Learn

● **關於 Adobe Certified Professional**

　https://certiport.pearsonvue.com/Certifications/Adobe/ACP/Overview

TIPS

根據 Adobe Certified Professional (ACP) 認證台灣官網資訊內容,Photoshop 國際認證以「使用 Adobe Photoshop 進行視覺傳達」為目標,分為以下五大方向作為參加考證者的實力檢測:

「使用 Adobe Photoshop 進行視覺傳達」的目標:
http://adobeacp.gotop.com.tw/Certiport/aca.aspx

Domain 1.0　　設定專案要求
Domain 2.0　　了解在準備影像時的設計元素
Domain 3.0　　了解 Adobe Photoshop
Domain 4.0　　使用 Adobe Photoshop 控制影像
Domain 5.0　　使用 Adobe Photoshop 來出版數位影像

目錄

1 設計與影像基礎概念

2 認識 Photoshop

3 從基本編輯功能開始

4 影像修補與色彩調整

5　破解圖層與圖層樣式

6　段落與文字設定、快速遮色片應用

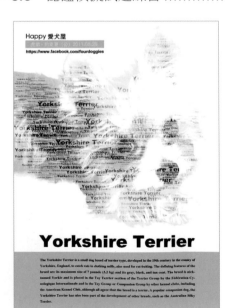

7 檔案轉存與網頁動態 banner 設計

A 附錄（為 PDF 電子檔形式，請見「線上下載」）

A Adobe 原廠認證資訊

B Adobe 原廠認證應考流程

線上下載

本書附錄 / 範例檔 / 參考解答請至碁峯網站 http://books.gotop.com.tw/ download/AER057700 下載。其內容僅供合法持有本書的讀者使用，未經授權不得抄襲、轉載或任意散佈。

01 設計與影像基礎概念

1.1 設計應該用甚麼軟體

進入設計領域，必然會接觸到 Adobe 軟體公司的工具，Adobe 軟體的應用範圍涵蓋平面設計、網頁設計與影音動畫三大領域，軟體也延伸到其他數位內容創作的各項應用。2003 年，Adobe 的 Creative Suite 套裝將旗下軟體從以數字命名更名為 CS，其中 CS4、CS5、CS6 差異不大，各軟體主要從 CS5.5 開始增強了設計應用於多種平台（電腦、平板電腦、手機…）的功能。 2013 年，Adobe 宣布停止 Creative Suite 的開發，全面轉移到以雲端的方式提供使用者軟體應用與更新，並且命名為 Adobe Creative Cloud，所有程式改名為 CC 版本。目前此版本已於 2013 年 6 月 17 日公開下載，而 2015 年 12 月則公佈了 Flash Professional CC 以全新名稱『Adobe Animate CC』於 2016 年初上市，加入原生支援 Html5 畫布、Web GL、SVG 以及具備廣播等級的影片，更名主要是反應 Adobe Animate CC 可以進行開放式網頁設計的動畫工具。另外整合 Photoshop CC 工作流程的新產品 Adobe Fuse CC 則開展立體 3D 的設計功能；Illustrator CC 則增加了全新的 Shaper Tool 及 Live Shapes，讓繪製幾何圖案更加便利；InDesign CC 則使設計師可以直接從觸控工作區（Touch Workspace）中，輕鬆在網上發佈文件；Premiere Pro CC 則全面支援 4K 到 8K 影像拍攝的原生格式，將 Ultra HD 超高畫質帶入全新境界。如已成為付費 Adobe Creative Cloud 的會員，CC 桌面與行動應用程式則不須額外付費，即可進行下載，會員方案分為個人、學生、團隊、教育機構、政府機關與企業…等類型。

關於 Adobe 軟體的最新資訊可以參考官方網站：
http：//www.adobe.com/

Adobe 常見軟體與說明如下（漂漂老師製表）：

軟體列表	主要應用領域	軟體製作基礎概念	原生檔案格式	延伸應用檔案格式	XP 系統適用版本	WIN7 以上系統適用版本
Photoshop	影像處理 /合成	像素 pixel	psd	psb/raw/bmp/gif/eps/pdf/ png/tiff/jpg	CS3/CS4	CS5/CS6/CC
Illustrator	插畫製作 /LOGO 設計	向量 vector	ai	eps/pdf	CS3/CS4	CS5/CS6/CC
InDesign	排版設計 /電子書		indd	xml/pdf		CS5.5 以上加強電子書互動功能
Dreamweaver	網頁排版	Html/CSS			CS3/CS4	CS5/CS6/CC
Animate (前身為 flash)	• 向量動畫設計 • 網頁設計 • 互動遊戲設計	向量/ Html5/ Action Script		Html5/swf/as/flv/exe	CS3/CS4	CS5/CS6/CC
After Effects	影音動畫 /特效 /合成	像素 pixel	aep		CS3/CS4	CS5/CS6/CC
Premiere	影音剪輯	像素 pixel	prproj		CS3/CS4	CS5/CS6/CC
Acrobat	可攜式文件編輯		pdf			
Audition	音樂合成剪輯	音訊編輯				

1.2 建立影像

1 點選「**檔案→開新檔案**」輸入影像的名稱。

TIPS 若要使用特定裝置的像素尺寸集來建立文件，可以先選擇預設集中「文件類型」的屬性，再於「文件類型」中選擇文件尺寸。

2 「尺寸」中選擇預設集,或確認單位後在「**寬度**」與「**高度**」中輸入數值以設定寬與高。

3 設定解析度、色彩模式、位元深度、背景內容選項。

TIPS ❶ 如果已經將選取的區域拷貝到剪貼簿,影像的尺寸與解析度會自動依據這個影像資料來決定。❷ 如設定的單位為非螢幕像素,則可事先輸入對應的需要進行輸出的解析度。❸ 在 Photoshop 製作時,如要使用到所有功能,檔案必須為 RGB 色彩模式,待完成製作後,再依照需求,進行印刷 CMYK 模式的設定。

4 完成所有步驟後,可以按一下「**儲存預設集**」備份設定,未來如要開啟相同設定的文件,可以直接點選,或者按一下「**確定**」直接開啟新檔。

1.3 開啟檔案

可以使用「**開啟舊檔**」和「**最近開啟的檔案**」開啟檔案。

TIPS

❶開啟特定檔案時（例如相機原始資料及 PDF），要先在對話框中指定設定與選項，才能完全開啟檔案。❷Photoshop 有時可能會無法判斷正確的檔案格式。例如，檔案在兩個作業之間轉換時就可能發生這種情形。有時候，在 Mac OS 與 Windows 之間轉換檔案可能會造成格式標示錯誤。在這種情況下，必須指定用來開啟檔案的正確格式。❸將 Illustrator 圖案放入 Photoshop 時，可以（盡可能）保留圖層、遮色片、透明度、組合形狀、切片、影像的圖和可編輯的字體。在 Illustrator 中，以 Photoshop (PSD) 檔案格式轉存圖案。如果 Illustrator 圖案中包含 Photoshop 不支援的成份，圖案的外觀會保留，但是會將圖層合併並將圖案點陣化。

1.4　偏好設定

若要讓 Photoshop 依照自訂的工作流程順暢地執行，就需要依個人喜好設定「偏好設定」。

一、開啟偏好設定對話框

1 執行下列任一項作業：

⊙ (Windows) 點選「**編輯→偏好設定**」，再從次選單中選擇想要的偏好設定。

⊙ (Mac OS) 點選「**Photoshop → 偏好設定**」，再從次選單中選擇想要的偏好設定。

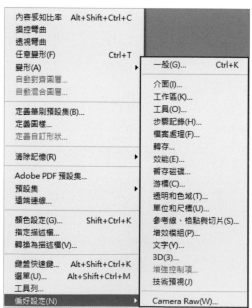

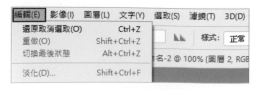

2 若要在不同的偏好設定集中切換，執行下列任一項作業：

◎ 從對話框左邊的選單中選擇偏好設定集。

◎ 按下「**下一個**」，顯示下一個偏好設定集

◎ 按下「**上一個**」，顯示上一個偏好設定集。

二、重設 Photoshop 偏好設定

使用鍵盤快速鍵快速復原偏好設定：

● 啟動 Photoshop 時按住 Alt + Control + Shift (Windows) 或 Option + Command + Shift (Mac OS) 鍵。系統會提示刪除目前的設定。下次啟動 Photoshop 時，會建立新的偏好設定檔案。

Windows   Mac OS

TIPS 如果使用鍵盤快速鍵，自訂快速鍵、工作區和顏色設定的偏好設定檔案也會重設為預設值。

三、如何將介面改成淺色

1 點選「**編輯→偏好設定→介面**」。

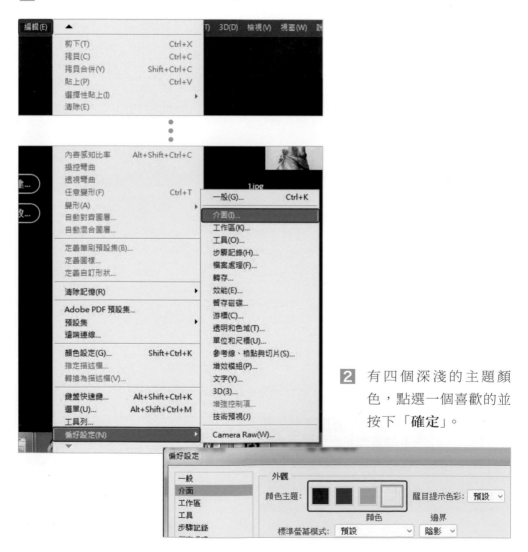

2 有四個深淺的主題顏色，點選一個喜歡的並按下「**確定**」。

1.5 認證模擬試題練習

觀念題

1. 迭代（iteration）設計有什麼好處？

   ☐ (A) 它可以讓設計人員在整個過程中回應意見反應。

   ☐ (B) 它可以讓客戶更改原始專案範圍。

   ☐ (C) 它可以讓設計人員針對產生迭代收取更多費用。

   ☐ (D) 它可以讓客戶從許多不同的版本中進行選擇。

2. 您必須在專案目標文件中包含哪三項資訊？（請選擇 3 個答案）

   ☐ (A) 調色板

   ☐ (B) 主頁影像

   ☐ (C) 專案目的

   ☐ (D) 專案截止日期

   ☐ (E) 目標受眾

3. 什麼是著作權？

   ☐ (A) 文件的合法拷貝

   ☐ (B) 設計和提供展示的專有權力

   ☐ (C) 包含作者或藝術家姓名的拷貝

   ☐ (D) 一個法律術語，賦予原創作品的創作者的專有權利

4. 什麼是專案範圍？

   ☐ (A) 成本估算和專案進度表

   ☐ (B) 文件尺寸

   ☐ (C) 建置階段

   ☐ (D) 客戶溝通計畫

5. 將選取工具與其描述進行配對（注意：每完成一項正確配對就能得分）

- ☐ 〔圖示〕 （A）使用自由圈選方式，選取區域。
- ☐ 〔圖示〕 （B）以矩形或正方形方式圈選區域。
- ☐ 〔圖示〕 （C）根據容許度設定選取影像區域。
- ☐ 〔圖示〕 （D）用筆刷的尺寸等參數設定，進行偵測影像選取範圍區域。

6. 選取兩種禁止修改影像的授權類型，並將答案放置於作答區。
   （注意：每完成一項正確選擇就能得分。）

- ☐ （A）  〔PUBLIC DOMAIN 圖示〕
- ☐ （B）  〔CC BY 圖示〕
- ☐ （C）  〔CC BY NC 圖示〕
- ☐ （D）  〔CC BY NC ND 圖示〕
- ☐ （E）  〔CC BY NC SA 圖示〕
- ☐ （F）  〔CC BY ND 圖示〕
- ☐ （G）  〔CC BY SA 圖示〕

實作題

1. 選取標誌的黑色部分。將其複製並貼上到新圖層。

2. 建立一份橫向 A4 文件以供列印，使用每英吋 360 像素（ppi）的解析度，將文件命名為 landscape。其他設定保留預設值。

3. 使用 Web 常用尺寸預設集建立網頁用的新文件。將色彩深度設為 16 位元，將文件命名為 Web。

4. 使用的標誌已反轉。請將最新追蹤標誌水平翻轉。

5. 修改 Photoshop 設定以確保每五分鐘儲存一次復原資訊。

6. 建立一個名為 Poster 的小報用紙 (Tabloid) 尺寸橫向文件，用於膠板印刷。其他設定保留預設值。

7. 使用預設黑色背景的 HDV/HDTV 720p，建立新的視訊和影片文件。 將檔案命名為 Title。

02 認識 Photoshop

2.1 關於像素尺寸和列印影像解析度

像素尺寸會測量影像寬度和高度的像素總數，解析度則是指點陣影像的精細度。測量單位是每英寸的像素數目 (ppi，密度單位，pixel per inch 的縮寫)。每英寸的像素越多，解析度就越高。

可以在「**影像 → 影像尺寸**」中查看影像尺寸與解析度的關係。不想更改相片的影像像素總量，更改寬度、高度或解析度，可以取消選取「**重新取樣**」。當更改一個值時，其他兩個值也會隨之更改。當選取「**重新取樣**」，可以變更影像的解析度、寬度及高度來符合列印或螢幕上的需求。

TIPS 重新取樣

更改像素尺寸或解析度時，影像資料總量也會變更。當縮減取樣（減少像素數目）時，會從影像中刪除資訊。而增加重新取樣（增加像素數目或增加取樣）時，會加入新的像素。可以使用內插補點方法決定如何增加或刪除像素。

Photoshop 是使用內插補點方法，以現有像素的顏色數值為基礎，為任何新的像素指定顏色數值來進行影像重新取樣。可以在「影像尺寸」對話框中選擇要使用的方法。

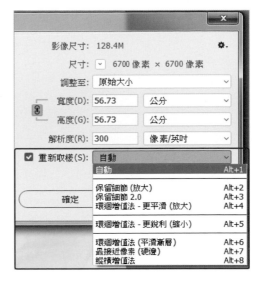

▶ 最接近像素：複製影像中的像素比較快、但比較不準確的方法。這個方法適合用於包含未消除鋸齒邊緣的圖例，可以保留清晰銳利的邊緣，並建立較小的檔案。但這個方法可能產生鋸齒效果，在扭曲或縮放影像時或在選取範圍上執行多重操作時，鋸齒效果會變得更明顯。

▶ 縱橫增值法：藉著平均周圍像素的顏色值來增加像素，這會產生品質中等的結果。

▶ 環迴增值法：是一種比較慢但較準確的方法，以檢查周圍像素的值為基礎。由於使用更複雜的計算，「環迴增值法」能比「最接近像素」或「縱橫增值法」產生更平滑的色調漸層。

▶ 環迴增值法（更平滑）：適合用於放大影像的方法，以環迴增值法內插補點為基礎，來產生更平滑的結果。

▶ 環迴增值法（更銳利）：適合用於縮小影像尺寸的方法，以環迴增值法內插補點為基礎，具有增強的銳利化效果。這個方法可以在重新取樣時，保留影像的細節。如果「環迴增值法（更銳利）」使影像的某些區域過度銳利化，那就試著使用「環迴增值法」。

TIPS 重新取樣會造成較差的影像品質，影像上套用「遮色片銳利化調整」濾鏡，對於重新調整影像細節的焦距很有幫助。

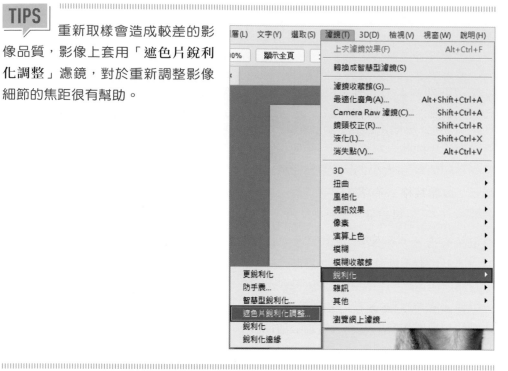

一、快速顯示目前的影像尺寸

使用「文件視窗底部的 → 資訊方框」，將「指標放在檔案資訊上方，按住滑鼠按鈕」。

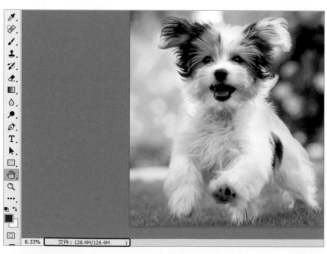

二、檔案大小

影像檔案的大小為該影像檔案的數位大小，以 Kilobyte (K) 千、Megabyte (MB) 百萬或 Gigabyte (GB) 十億為度量單位。檔案大小和影像的像素尺寸成正比。設定相同的列印大小，解析度愈高則像素愈多，影像會產生愈多的細節，就需要較大的磁碟空間來儲存，編輯及列印的速度也會變慢。所以在決定影像解析度時，就必須先知道最後應用的需求，在影像品質和檔案大小之間進行取捨。

另一個影響檔案大小的因素是檔案的格式。由於 GIF、JPEG、PNG 和 TIFF 檔案格式有各自使用的壓縮方法，相同像素尺寸的檔案大小可能會有大幅差距。影像中的顏色位元深度和圖層與色版的數目，也會影響檔案大小，目前一般是以 8 位元做為影像色彩的組成。

三、關於螢幕解析度

螢幕解析度是以像素尺寸來表示的。例如，如果螢幕解析度和相片的像素尺寸是同樣大小，以 100% 的比例檢視相片時，相片會填滿螢幕。影像顯示在螢幕上的大小決定於下列幾個因素的結合：**影像的像素尺寸**、**螢幕大小**以及**螢幕解析度設定**。可以更改螢幕上影像的放大比例，便能夠輕鬆地處理任何像素尺寸的影像。

四、關於印表機解析度

印表機**解析度**的測量單位是每英寸墨水點數，也稱為 **dpi** (dot per inch)。每**英寸點數越多**，列印輸出的**品質也就越高**。(大部分噴墨印表機的解析度大約是 720 至 2880 dpi)。

五、什麼會影響檔案大小？

檔案大小與影像中的像素尺寸以及影像包含的**圖層數目**有關。像素愈多影像在列印時可能會產生較多的細節，也需要較大的磁碟空間，而且編輯及列印的速度也可能比較慢。所以應該要隨時追蹤檔案大小，確保檔案不要變得過度龐大。如果檔案變得太大，就減少影像中的圖層數目，或以最後要完成文件的規格更改影像大小。

2.2 色彩模式

色彩模式或影像模式決定了顏色如何根據色彩模式中的色版數目進行組合。不同的色彩模式會產生不同等級的顏色細部和檔案大小。例如：全彩印刷手冊中的影像會使用 CMYK 色彩模式，而網頁或電子郵件中的影像則使用 RGB 色彩模式，簡單來說，在螢幕上使用的影像，使用 RGB 色彩模式，印刷的圖像，目前大多數是使用 CMYK 色彩模式。

RGB	數百萬種顏色
CMYK	印刷四色
索引	256 色
灰階	256 種灰色
點陣圖	2 種顏色

一、RGB 色彩模式

色彩模式利用 RGB 模型來分派每一個像素的強度值。

在每色版 8 位元的影像中，彩色影像的每個 RGB 元件 (紅、綠、藍) 強度值範圍是從 0（黑）到 255（白），共 256 個階層。當三個元件的值相等時，結果會是中間調的灰色。所有元件的數值為 255 時，結果會是純白色，而數值為 0 時，則為純黑色。

RGB 影像會使用三種顏色的色版來表現螢幕上的顏色。

在每色版 8 位元的影像中，三個色版會轉換為每個像素 24 位元 (8 位元 xRGB 共 3 個色版) 的色彩資訊。使用 24 位元影像時，三個色版可以重製高達每像素 1,670 萬色。使用 48 位元 (每色版 16 位元) 和 96 位元 (每色版 32 位元) 影像時，每像素還可以重製更多色彩。RGB 模型除了是 Photoshop 新增影像的預設模式外，電腦螢幕也用來顯示顏色。這表示執行 RGB 以外的色彩模式。

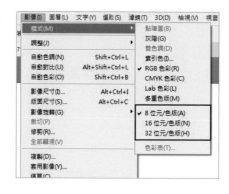

雖然 RGB 是標準的色彩模式，但表示的精確顏色範圍可能會依應用程式或顯示裝置而變化。**Photoshop 中的「RGB 色彩模式」，會依照「顏色設定」對話框中所指定的「使用中色域」設定而變化。**

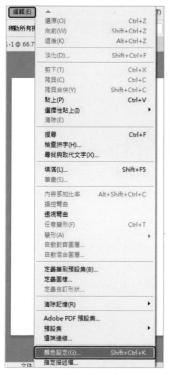

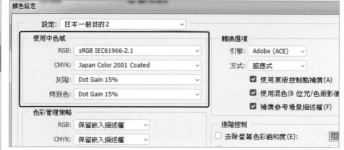

二、CMYK 色彩模式

CMYK 模式會為每個像素指派每個印刷油墨的百分比數值。

最亮的顏色所派到的印刷油墨顏色百分比可能很小，而較暗的顏色則會指較高的百分比。在 CMYK 影像中，當所有**四個參數的數值為 0% 時**，便會產生**純白**。

如果影像要用**印刷色來列印，最後就要轉換成 CMYK 模式**。

將 RGB 影像轉換為 CMYK 會建立分色。在 Photoshop 中影像作業，需先以 **RGB 模式編輯**，才能進行所有功能，於編輯處理完後再**轉換成 CMYK**。在 RGB 模式中，可以使用「**校樣設定**」指令模擬 **CMYK 轉換的效果**，而不必變更實際的影像資料。也可以使用 CMYK 模式，直接以掃描的或從高階系統輸入的 CMYK 影像進行作業。

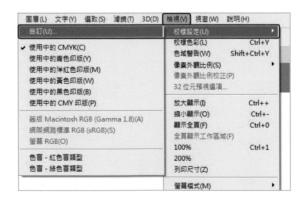

雖然 CMYK 是標準的色彩模式，但表現出來的顏色範圍可能會依印刷和列印油墨情況而變化。**Photoshop 的「CMYK 色彩」模式會依照「顏色設定」對話框中所指定的使用中色域設定而變化。**

三、Lab 色彩模式

CIE L*a*b* 色彩模型 (Lab) 是根據**人類看得到的顏色為準**，Lab 中的數值描述了人類用正常視力能看到的所有顏色。因為 Lab 描述的是色彩的外觀，所以 **Lab 可以視為一種與裝置無關的色彩模型**。色彩管理系統會將 Lab 當作一種色表參考，將色彩從一個色域轉到其他色域。

Lab 色彩模式擁有明亮度元件在 Adobe 「**檢色器**」 與 「**顏色**」 面板中，L 其值的範圍**從 0 到 100**。

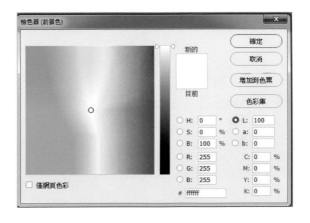

四、灰階模式

灰階模式在影像中使用不同的灰色。

在 8 位元影像中，最高可達 **256 種灰色**。灰階影像每個像素所具有的亮度值從 **0(黑色) 到 255(白色)**。在 16 和 32 位元影像中，影像的陰影數量遠大於 8 位元影像的陰影數量。

可以用黑色油墨涵蓋區域的百分比來度量灰階值 (0%= **白色**，100%= **黑色**)。

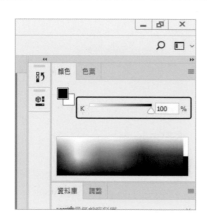

五、點陣圖模式

點陣圖模式使用 (黑色或白色) 兩個顏色數值其中一個來表現影像中的像素。「點陣圖」也稱為**點陣化 1 位元的影像**，因為它們的位元深度為 1。

六、雙色調模式

雙色調模式使用一到四個自訂油墨，建立單色調、雙色調（兩種顏色）、三色調（三種顏色）和四色調（四種顏色）的灰階影像。

使用雙色調模式前，影像要先改成灰階模式後，才能轉成雙色調模式。

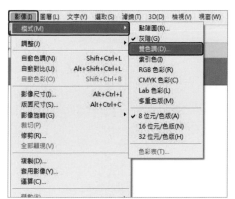 

七、索引色模式

「索引色」模式最多產生 256 色的 8 位元影像檔案。在**轉換成索引色時，會建立色彩查閱表 (CLUT) 來儲存影像中的顏色，並為其編列索引。**如果原始影像的顏色沒有顯示，則程式會選擇最接近的顏色或使用混色，以可用的顏色來模擬該顏色，由於色盤有限，因此索引色必須裁減檔案大小。

八、色彩色版

每一個影像都有一或多個色版，每個色版都儲存了影像中色彩資訊。影像中的預設色版數目，視其色彩模式而定。依預設，點陣影像、灰階、雙色調和索引色模式都有一個色版；**RGB 和 Lab 影像有三個色版；CMYK 影像則有四個。除了點陣圖模式影像外，所有的影像類型都可以增加色版。**

彩色影像中的色版,實際上是代表影像的每一個色彩組件的灰階影像。

例如,在紅、綠和藍色的顏色數值方面,RGB 影像有不同的灰階影像色版,以表示其色彩光的強度,白色是代表 255 的數值,黑色則是代表 0 沒有濃度的意思。

在影像中增加 alpha 色版當作遮色片,用來**儲存和編輯選取範圍**,alpha 色版中白色代表選取,黑色代表沒有選取,灰色則依其濃淡決定選取的透明度;另外還可以增加特別色色版以增加特別色印版,供列印時使用。

2.3 色票

色票可以讓設計師在作業時,更快的選擇色彩,並且透過自行新增色票管理的方式,達到設計物在色彩表現上,以色彩計畫的進行有系統地呈現。

在選單中選取「**視窗 > 色票**」,開啟色票面版。

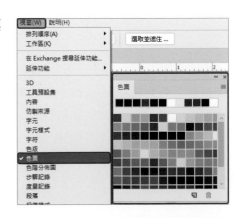

一、更改檢色器

不想使用「Adobe 檢色器」，也可以使用電腦作業系統的標準「檢色器」，或使用協力廠商「檢色器」來選擇色彩。

1. 點選「**編輯 → 偏好設定 → 一般**」(Windows) 或「**Photoshop → 偏好設定 → 一般**」(Mac OS)。

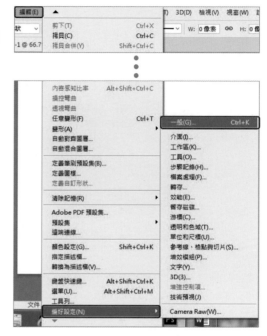

2. 從「**檢色器選單中 → 選擇一個檢色器 → 確定**」。

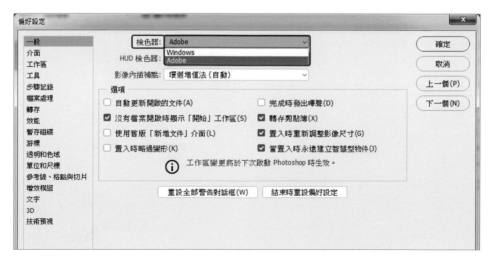

二、增加、取代及刪除色票

可以從「**色票**」面板增加或刪除色票。也可以從「**檢色器**」按下「**增加到色票**」按鈕，增加色票。

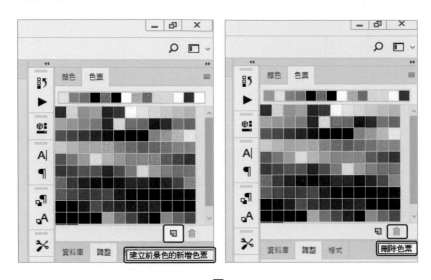

增加顏色至色票面板

1 決定要加入哪一個色彩，並使其成為前景色。

2 執行下列任一項作業：

⊙ 按下「**色票**」面板 →「**新增色票**」。或者，從「**色票**」面板選單 →「**新增色票**」。

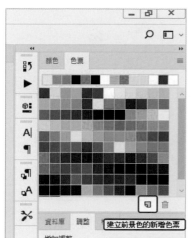
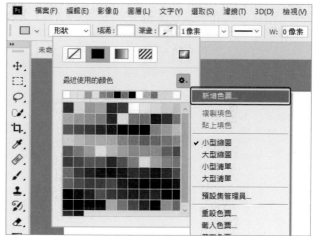

⊙ 指標放在「**色票**」面板底部的空白區域上方（指標會變成「油漆桶」工具）→ 以新增色彩 → 輸入新名稱 → 確定。

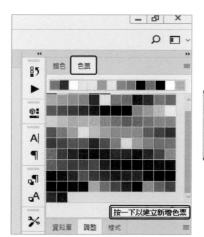

⊘ 面板選單中「載入色票」，然後在「載入」視窗找到 HTML、CSS 或 SVG
   檔 → 確定。Photoshop 將讀取文件中指定的色彩值。(僅限 Creative
   Cloud)

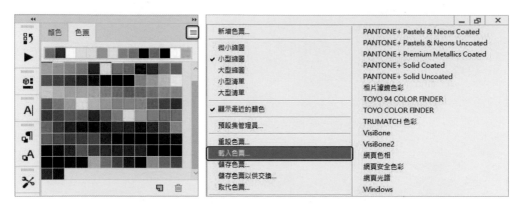

TIPS 　新的色彩會儲存在 Photoshop 的偏好設定檔案中，因此可以保留給各個
編輯工作階段使用。如果要永久儲存某個色彩，就將它儲存在色彩庫中。

刪除色票面板中的色彩

⊘ 將色票拖移到「**刪除**」圖示。

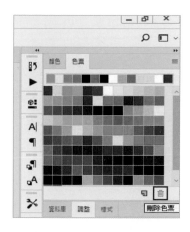

三、管理色票庫

色票庫可以輕鬆地存取不同的色彩集。可以將自訂的色票集儲存為色票庫。也可以使用可供其他應用程式共用的格式來儲存色票。

載入或取代色票庫

1️⃣ 從「**色票**」**面板**選單中,選擇下列任一項選項:

⊘ **載入色票**:增加色票庫至目前的色票集。點選「**要的色票庫檔案 → 載入**」。

◎ **取代色票**：用不同的色票庫來取代目前列出的色票。點選「**要的色票庫檔案 → 載入**」。Photoshop 會提供選項，在取代目前的色票集之前，先將它們儲存起來。

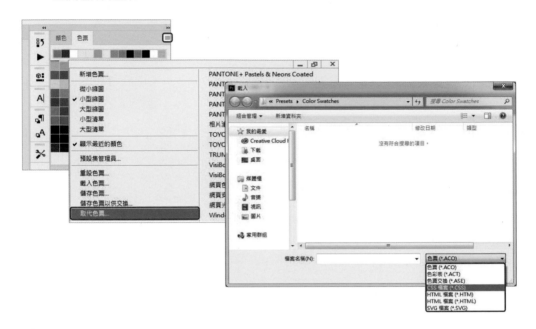

◎ **色票庫名稱**：會載入列在「**色票**」面板選單下方的特定色彩系統。可以使用正在載入的色票庫來取代或加入目前的色彩集。

將一組色票儲存為色票庫

1 請點選「**色票 → 儲存色票**」。

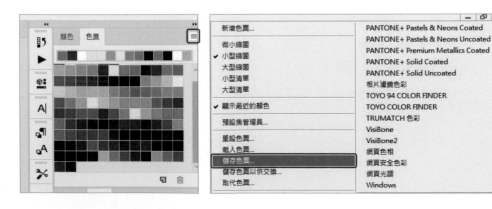

2 點選「**色票庫的位置 → 輸入檔案名稱 → 儲存**」。

可以將程式庫儲存在任何位置，如果將程式庫檔案放在預設集中的「**預設集 /**
色票」檔案夾中，當重新啟動應用程式後程式庫的名稱會顯示在「**色票**」**面板**
選單的底部。

返回預設的色票庫

1 從「**色票 → 重設色票**」。可以使用預設的色票庫來取代或加入目前的色彩
集。

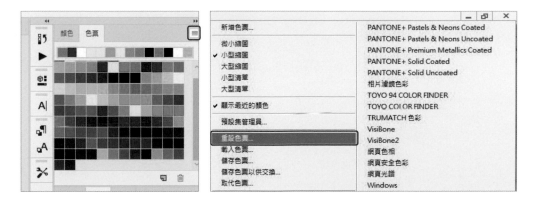

四、在應用程式間共用色票

可以儲存色票庫以供交換，共用在 Photoshop、Illustrator 和 InDesign 中建立的純色色票。只要同步化顏色設定，不同的應用程式就會顯示完全相同的顏色。

1 在「**色票**」**面板**中，建立要共用的程序與顏色，移除任何你不要共用的色票。

TIPS 不能共用的有以下列類型的色票：Illustrator 或 InDesign 中的色票、漸層和「套準」色票；以及 Photoshop 中的色表參考、HSB、XYZ、雙色調、monitorRGB、不透明、全部墨水和 webRGB 色票。

2 從「**色票 → 儲存色票以供交換**」，將色票庫儲存在容易存取的位置。

3 色票庫載入 Photoshop、Illustrator 或 InDesign 中的「**色票**」**面板**。

2.4 工具收藏館

「**工具**」**面板**會顯示在螢幕的左邊。「**工具**」**面板**中某些工具的選項會顯示在快顯選項列中。

可以展開某些工具,以顯示下面的隱藏工具。工具圖示右下角的小三角形代表這個工具下面有隱藏工具。

可以將指標放在任何一種工具上方能夠看到相關資訊。工具的名稱也會出現在指標下方的工具提示中。

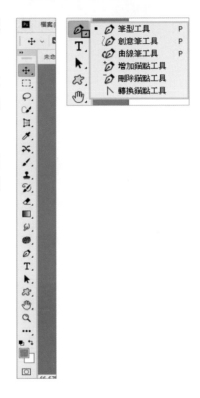

一、豐富媒體工具提示

工具的用途比以往更加簡單!只要將指標移到「**工具**」**面板**的工具上,就會顯示該工具的相關說明以及實際操作的影片。

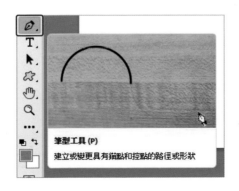

可以選擇不檢視豐富媒體工具提示。取消選取「**偏好設定 → 工具 → 使用豐富媒體工具提示**」偏好設定。

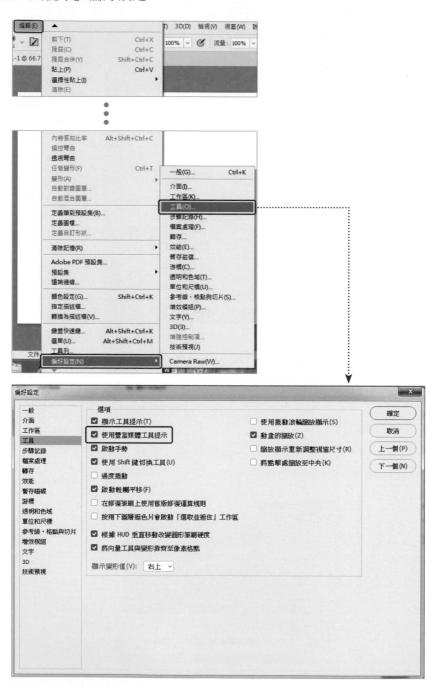

二、自訂工具列

可以自訂工具列，將工具整理成一個群組，並執行更多其他操作。

▌1 ▌執行下列其中一項操作：

⊙ 點選「**編輯 → 工具列**」。

⊙ 長按工具列底部的「**編輯工具列**」。

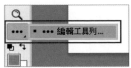

2 「**自訂工具列**」對話框中，執行下列其中一項或多項操作：

⊙ 拖放工具／群組，以重新整理工　⊙ 將多餘、未使用、優先順序的工
　具列。　　　　　　　　　　　　　具移動到「**輔助項目工具**」。

⊙ 要存取其他工具，請長按工具列底部的「…」圖示。

⊙ 要儲存自訂的工具　⊙ 要開啟先前儲存的　⊙ 要還原預設工具
　列，按「**儲存預設**　　自訂工具列，按　　列，按「**復原預設**
　集」。　　　　　　　「**載入預設集**」。　　　**值**」。

⊙ 要將所有工具移動到「輔助項目工具」，按「清除工具」。

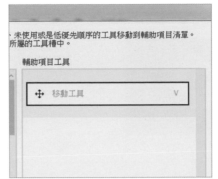

● 選取範圍工具

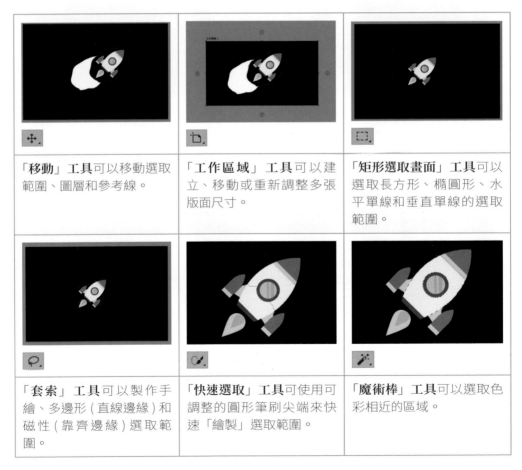

✛	♯.	⬚
「**移動**」工具可以移動選取範圍、圖層和參考線。	「**工作區域**」工具可以建立、移動或重新調整多張版面尺寸。	「**矩形選取畫面**」工具可以選取長方形、橢圓形、水平單線和垂直單線的選取範圍。
⊙	✐	✦
「**套索**」工具可以製作手繪、多邊形 (直線邊緣) 和磁性 (靠齊邊緣) 選取範圍。	「**快速選取**」工具可使用可調整的圓形筆刷尖端來快速「繪製」選取範圍。	「**魔術棒**」工具可以選取色彩相近的區域。

● 裁切和切片工具

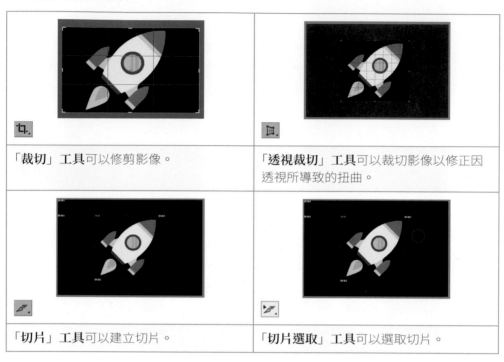

「裁切」工具可以修剪影像。

「透視裁切」工具可以裁切影像以修正因透視所導致的扭曲。

「切片」工具可以建立切片。

「切片選取」工具可以選取切片。

● 潤飾工具

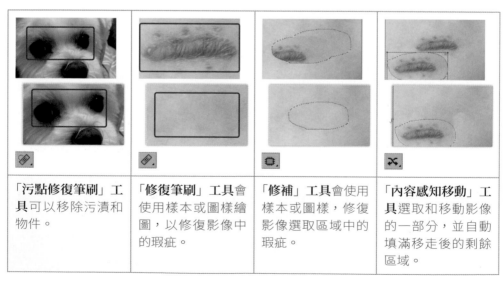

「污點修復筆刷」工具可以移除污漬和物件。

「修復筆刷」工具會使用樣本或圖樣繪圖，以修復影像中的瑕疵。

「修補」工具會使用樣本或圖樣，修復影像選取區域中的瑕疵。

「內容感知移動」工具選取和移動影像的一部分，並自動填滿移走後的剩餘區域。

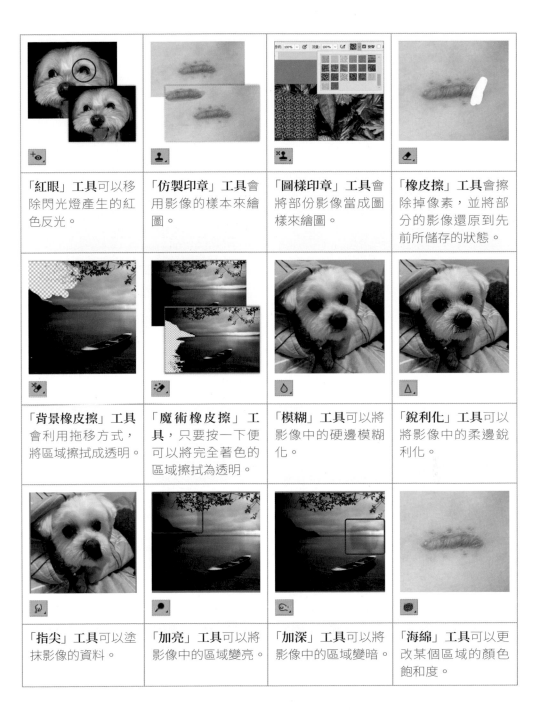

「紅眼」工具可以移除閃光燈產生的紅色反光。	「仿製印章」工具會用影像的樣本來繪圖。	「圖樣印章」工具會將部份影像當成圖樣來繪圖。	「橡皮擦」工具會擦除掉像素，並將部分的影像還原到先前所儲存的狀態。
「背景橡皮擦」工具會利用拖移方式，將區域擦拭成透明。	「魔術橡皮擦」工具，只要按一下便可以將完全著色的區域擦拭為透明。	「模糊」工具可以將影像中的硬邊模糊化。	「銳利化」工具可以將影像中的柔邊銳利化。
「指尖」工具可以塗抹影像的資料。	「加亮」工具可以將影像中的區域變亮。	「加深」工具可以將影像中的區域變暗。	「海綿」工具可以更改某個區域的顏色飽和度。

● 繪圖工具

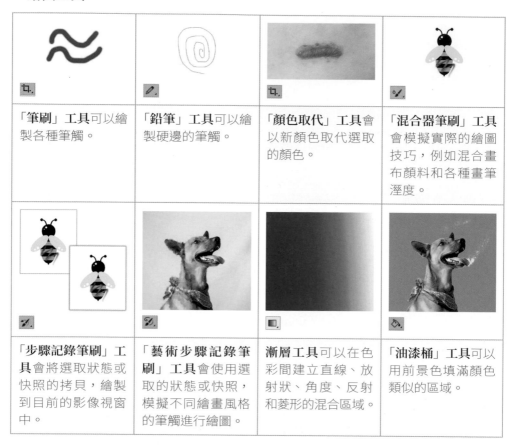

「筆刷」工具可以繪製各種筆觸。	「鉛筆」工具可以繪製硬邊的筆觸。	「顏色取代」工具會以新顏色取代選取的顏色。	「混合器筆刷」工具會模擬實際的繪圖技巧，例如混合畫布顏料和各種畫筆溼度。
「步驟記錄筆刷」工具會將選取狀態或快照的拷貝，繪製到目前的影像視窗中。	「藝術步驟記錄筆刷」工具會使用選取的狀態或快照，模擬不同繪畫風格的筆觸進行繪圖。	漸層工具可以在色彩間建立直線、放射狀、角度、反射和菱形的混合區域。	「油漆桶」工具可以用前景色填滿顏色類似的區域。

● 繪圖和文字工具

路徑選取工具可以讓形狀或線段選取範圍顯示出錨點、方向線和方向點。	文字工具可以在影像上建立文字。	文字遮色片工具可以建立文字形狀的選取範圍。

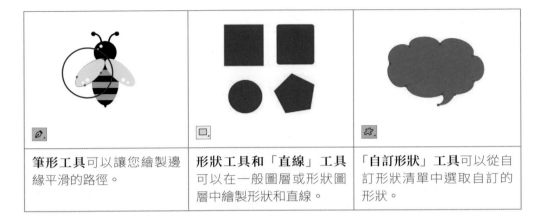

筆形工具可以讓您繪製邊緣平滑的路徑。	**形狀工具和「直線」工具**可以在一般圖層或形狀圖層中繪製形狀和直線。	**「自訂形狀」工具**可以從自訂形狀清單中選取自訂的形狀。

● **導覽、備註、測量工具**

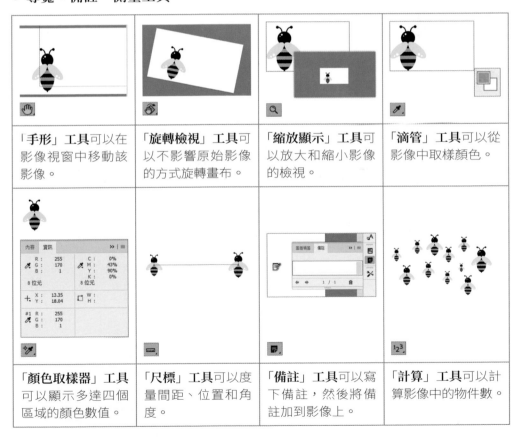

「手形」工具可以在影像視窗中移動該影像。	**「旋轉檢視」工具**可以不影響原始影像的方式旋轉畫布。	**「縮放顯示」工具**可以放大和縮小影像的檢視。	**「滴管」工具**可以從影像中取樣顏色。
「顏色取樣器」工具可以顯示多達四個區域的顏色數值。	**「尺標」工具**可以度量間距、位置和角度。	**「備註」工具**可以寫下備註，然後將備註加到影像上。	**「計算」工具**可以計算影像中的物件數。

綜合應用範例

2.5 使用基本工具製作 FB 臉書封面影像設計

使用功能

新增檔案、裁切、影像尺寸、基本編輯工具、圖層與圖層樣式設定、形狀圖層、文字圖層、混合選項設定、檔案儲存與網頁用格式輸出。

範例素材

Photoshop ＞ part2- 實務範例

素材來源：漂漂老師

完成檔案

Photoshop ＞ part2- 實務範例＞ CHpart2- 實務範例 -ok

範例實作

1 了解影像尺寸設定

① 開啟範例中的 001.jpg，或使用鍵盤上的 PrintScreen 鍵，(在 win10 系統也可以使用 win+Shift+C 快速鍵) 將 Facebook 臉書畫面擷取下來，並在 Photoshop 中開啟新文件「**檔案＞開新檔案**」，無須設定，再將影像進行「**編輯＞貼上**」（Ctrl+V）。

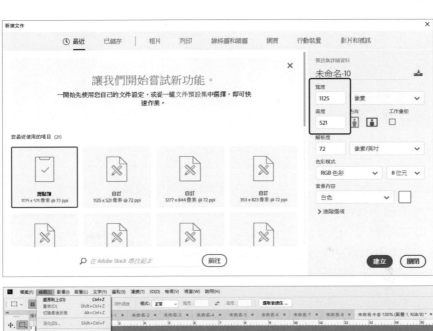

② 使用工具箱的裁切工具，將 Facebook 封面與大頭貼照片的範圍裁切出來。

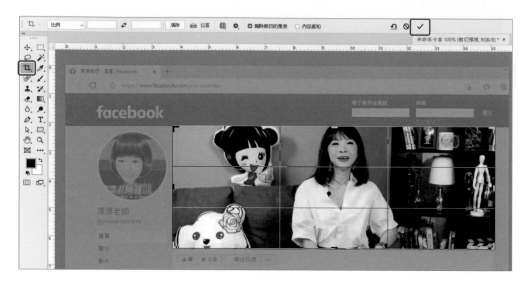

TIPS

❶ 選擇工具箱的工具後，上方選項列會對應出現相關設定，裁切工具可經由設定後，再按下 Enter 鍵、雙擊滑鼠左鍵或按下選項列最右方的打勾確認鍵，執行裁切功能。

❷ 裁切方式，亦可使用工具箱的矩形選取工具，選取畫面後進行「影像＞裁切」。

❸ 截圖亦可以直接截取所需要的範圍，忽略在 Photoshop 中裁切的動作。

❹ 關於 Facebook 相關製作準則可以參考 FB 的使用入門幫助 https://www.facebook.com/help/125379114252045。

③ 影像＞影像尺寸，Facebook 封面相片的解析度約為 822×311 像素，相當於寬為 820 像素、高為 312 像素。

CONCEPT

❶ **影像尺寸對應知識**：影像設計的內容若是提供給螢幕使用，檢視影像尺寸以像素方式為基準，若是要進行印刷，則以印刷的單位結合解析度的設定而得出需要的影像像素寬 x 高的像素數值。一般而言解析度是一個密度的單位，英文為 dot per inch，縮寫為 dpi，代表的是每一平方英吋裡有多少個像素的點，若製作的內容為螢幕使用，檔案尺寸的定義為像素 X 像素（如電腦），若製作的內容完成物需進行平面印刷，檔案尺寸的定義則須先經由確認要輸出的尺寸，進行所需解析度的換算，得出檔案需要的像素 X 像素的大小。

在製作時，影像的解析度設定，依據不同的輸出用途，有不同的設定需求，建議製作者，在進行影像圖片拍攝前，先確認最後要完成的作品用途，並與輸出中心確認所需要的解析度設定，在 Photoshop 製作時，才能正確設定檔案解析度。

依據一般輸出對應的影像解析度設定如下：

媒體	螢幕	大圖輸出	報紙	一般印刷品	寫真集/攝影集
解析度(dpi)	72	72	150~250	300	600/1200

❷ Photoshop CC 版本簡化了影像尺寸面板，讓使用者更容易操作。

---

2 基本編輯工具

① 開啟 002.jpg，執行「**選取＞全部**」（Ctrl+A），「**編輯＞拷貝**」（Ctrl+C）。

② 切換回原來 Facebook 封面照片，執行「**編輯＞貼上**」（Ctrl+V），並且進行「**編輯＞變形＞縮放**」，將圖片縮放到適當大小。

縮放時可在選項列輸入數值，並在右側進行取消或確認

設定縮放是否等比例

使用控制把手可以直接縮放
確認執行，在圖像中央快速點擊滑鼠左鍵兩下

TIPS 任意變形可直接執行「編輯＞變形」的縮放、旋轉功能，如再加上同時按下 Ctrl 鍵，則可使用控制把手進行圖片扭曲。

3 形狀圖層與圖層設定

① 在工具箱中使用矩形形狀工具，並在選項列設定形狀圖層模式與漸層填滿的色彩模式。

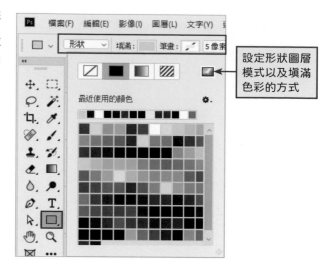

設定形狀圖層模式以及填滿色彩的方式

CONCEPT | 形狀圖層分三種模式可供作圖時的選擇

▶ **形狀圖層**：此種圖層模式會產生一個向量式的圖層，之後可利用向量式的路徑遮色片，進行形狀的編輯。

▶ **路徑**：製作出路徑以供之後轉換成選取範圍、筆畫路徑等功能的使用。

▶ **像素**：須直接在影像圖層或新增一個空白圖層時，進行繪圖使用。

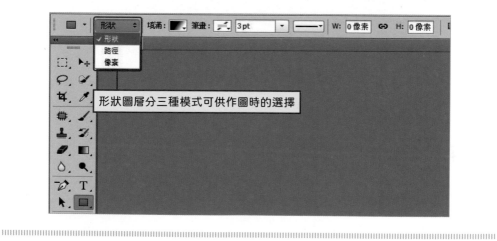

形狀圖層分三種模式可供作圖時的選擇

TIPS 形狀圖層的色彩填滿模式設定

填滿模式分純色、漸層、圖樣，三種填滿方式

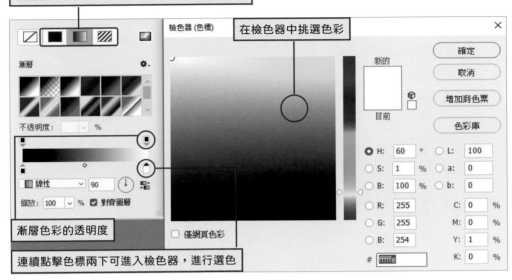

在檢色器中挑選色彩

漸層色彩的透明度

連續點擊色標兩下可進入檢色器，進行選色

---

② 在畫面中以滑鼠拖曳出要繪製的矩形形狀範圍，並可透過內容視窗進行色彩等選項編輯。

4 文字圖層與圖層樣式設定

① 在工具箱中使用文字工具，輸入「創新 . 創業 . 設計 創意教學」。

② 點選「**視窗＞字元**」，開啟**字元面板**視窗進行文字設定，若電腦中沒有相同字體，可以類似字型代替。

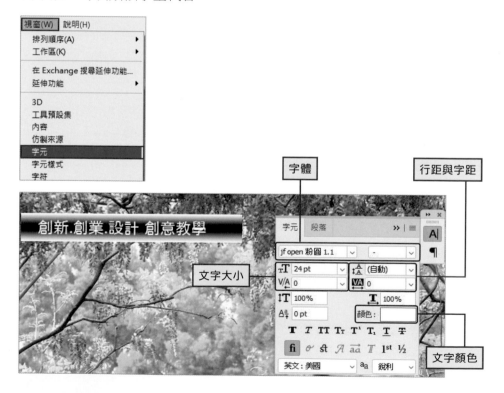

③ 在文字圖層上新增圖層混合選項，設定文字漸層色彩與筆畫。

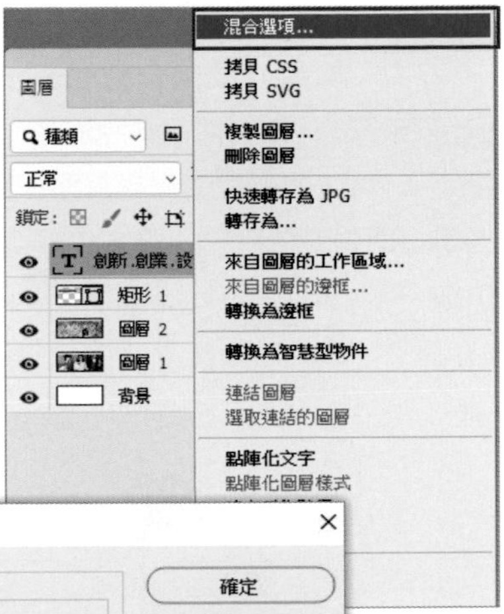

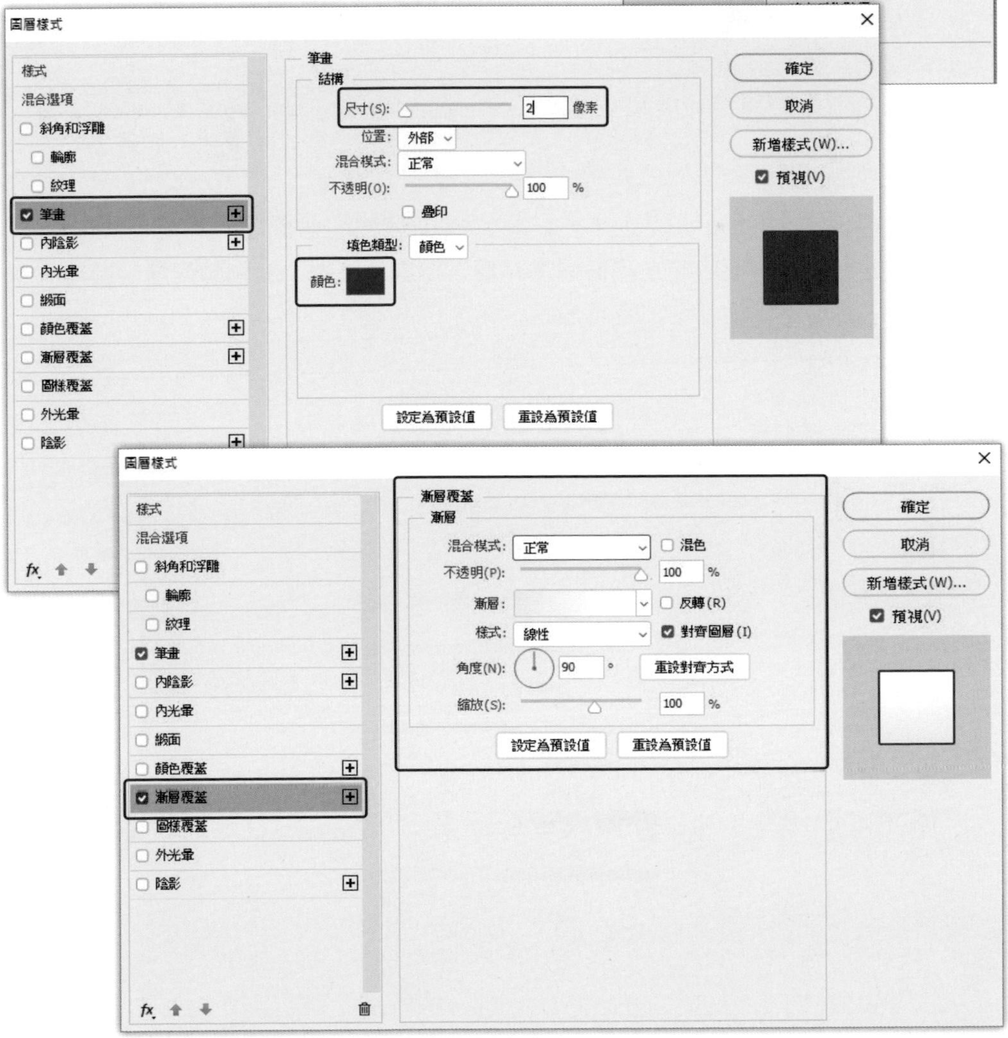

TIPS 　點選「圖層 > 圖層樣式 > 混合選項」可
直接在圖層視窗中，快速點擊圖層右側兩下進入
設定，或在圖層上按右鍵選取混合選項，或是經
由圖層視窗右上方的更多選項設定進入混合選項
功能。

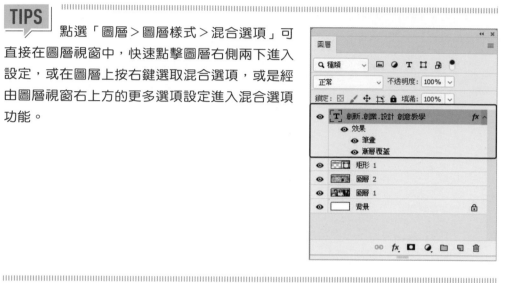

TIPS 　圖層混合選項可設定圖像增加光暈、陰影、筆畫、斜角與浮雕等特效，選
項打勾後，皆可進入細部選項進行設定。

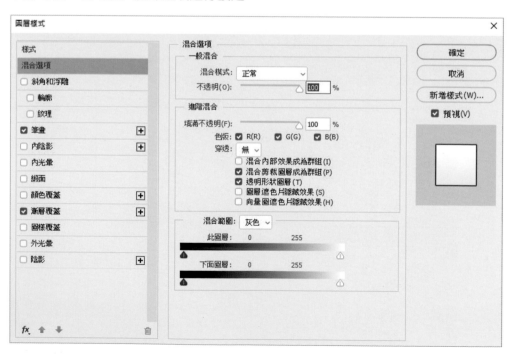

圖層混合選項的細部選項設定說明：

ⓐ 設定效果顏色、透明度及和以下圖層影像的混合呈現模式

ⓑ 設定光源角度、陰影間距、陰影實心狀態及陰影尺寸範圍

ⓒ 設定效果呈現型態

ⓓ 效果預覽

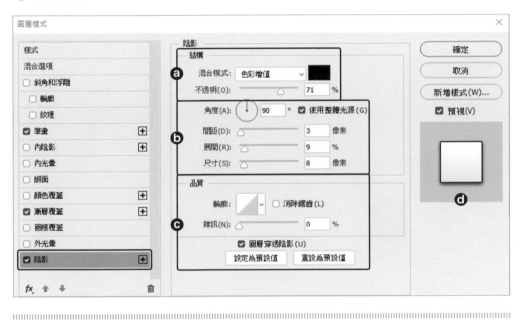

④ 設定形狀圖層的混合模式，讓文字圖層下的矩形能夠凸顯文字。

5 檔案儲存與輸出

① 執行「**檔案＞儲存檔案**」（Ctrl+S），將製作儲存為 PSD 格式。

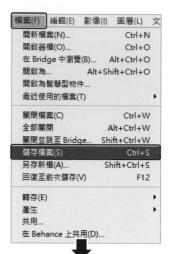

TIPS

PSD 是 Photoshop 預設保存的檔案格式，可以保留所有圖層、色版、遮罩、路徑、文字及圖層樣式等，但無法保存檔案的操作歷史記錄。Adobe 其他軟體產品，例如 Illustrator、Indesign、AfterEffects、Premiere…等可以直接匯入 PSD 檔案。

② 執行「**檔案＞儲存為網頁用**」，輸
　 出成 JPG 格式以進行 Facebook
　 上傳。

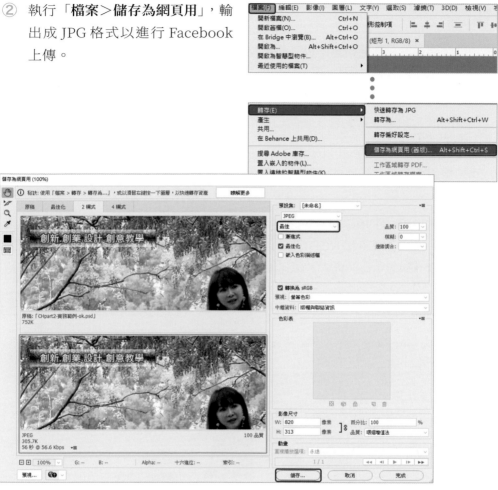

TIPS 儲存為網頁用可方便設計者，無須轉換色彩模式及影像尺寸，直接在設定視窗中，將檔案儲存為適當的檔案壓縮格式，並直接預覽壓縮後的影像品質與檔案大小。在此可儲存網頁用格式為：

▶ **.GIF**：GIF 格式因其採用 LZW 無失真壓縮方式並且支援透明背景和動畫，缺點是只能以 256 色呈現影像，被廣泛運用於網路中。

▶ **.PNG**：PNG 可作為 GIF 的替代品，可以無失真壓縮影像，並最高支援 244 位元影像且產生無鋸齒狀的透明度。但一些舊版瀏覽器（例如：IE5）不支援 PNG 格式。

▶ **.JPEG**：JPEG 和 JPG 一樣是一種採用失真壓縮方式的檔案格式，JPEG 支援點陣圖、索引、灰度和 RGB 模式，但不支援 Alpha 色版通道，可以全彩表現影像，因此一般影像在網頁中，皆採用 jpg 的格式表現圖像。

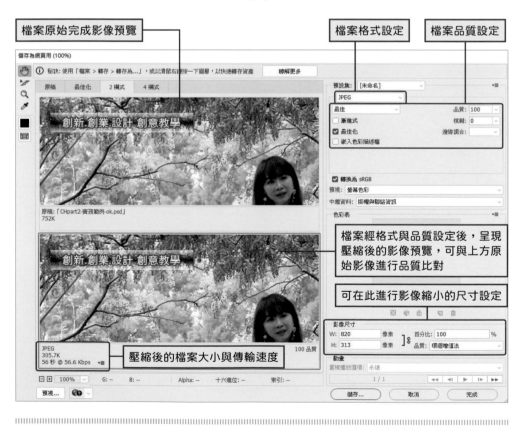

檔案原始完成影像預覽

檔案格式設定

檔案品質設定

檔案經格式與品質設定後，呈現壓縮後的影像預覽，可與上方原始影像進行品質比對

可在此進行影像縮小的尺寸設定

壓縮後的檔案大小與傳輸速度

TIPS　點選「檔案 > 轉存 > 轉存為…」，同樣設計為儲存給網頁用的檔案格式（jpg、png、gif、svg），此功能為 CC 版本才開發出來，方便設計者，無須轉換色彩模式及影像尺寸，直接在設定視窗中，將檔案儲存為適當的網頁用檔案壓縮格式。

▶SVG 格式：

可縮放向量圖形（Scalable Vector Graphics，縮寫：SVG），是二維向量圖形的圖形格式，SVG 允許向量圖形、點陣圖像及文字 3 種圖形物件類型，包括 PNG、JPEG 這些點陣圖像能夠轉換、使用裁剪路徑、Alpha 通道、濾鏡效果、模板物件，SVG 由 W3C 制定，是一個開放標準，在 Adobe 軟體中主要以向量的 Illustrator 製作而成。

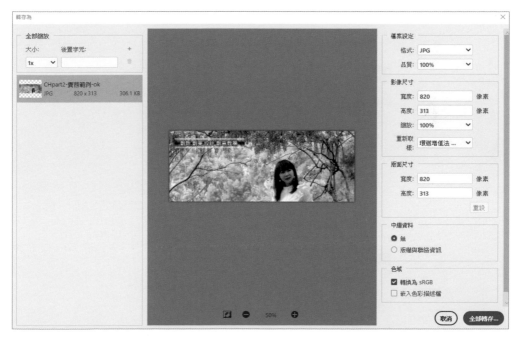

2.6 認證模擬試題練習

觀念題

1. 請將雙色漸層類型與其範例進行配對。(注意:每完成一項正確配對,可得到部分分數。)

   ☐ (A) 尖角
   ☐ (B) 菱形
   ☐ (C) 線性
   ☐ (D) 反射性
   ☐ (E) 放射性

2. 您需要將漸層的白色端變更為黃色,您必須雙擊對話框中的哪個區域以進行變更?(作答時,請單擊選擇以突出顯示作答區中的正確選項。)

實作題

1. 用於膠板印刷的圖形是使用 Full HD 解析度建立的。改變圖形的色彩模式，使其適合在螢幕上觀看。請勿將圖層平面化。

2. 此印刷傳單已針對網頁調整大小。變更為正確的色彩模式以便在網路上發佈。（請勿移除圖層）

3. 對文件加入一個調整圖層，客戶可以接受非破壞性的方式，將「自然飽和度」與「飽和度」設定在 +50 到 +100 之間。

Super Beauty®
Piao Piao ♥ Design

品牌創意.視覺動畫.數位行銷

Piao Piao Class Facebook : www.facebook.com/piaopiaoclass

03 從基本編輯功能開始

3.1 參考線、格點

參考線和格點可以**精確地放置影像**。

參考線會顯示成螢幕上方的浮動線段，可以**移動**和**移除參考線**，也可以**鎖定參考線**，這樣就不會不小心移動到參考線。

智慧型參考線可對齊形狀、切片及選取範圍。當在繪製形狀、建立選取範圍或切片時，智慧型參考線會**自動出現**。有需要也可以**隱藏**智慧型參考線，方便使用。

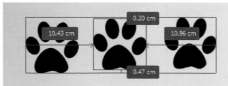

> **TIPS**
> 如果頁面是空白的，智慧型參考線是不會顯示出來的。

格點對於**對稱排列版面**很有幫助，格點會顯示成不會被列印的線段，也可以格點作為顯示，另外在移動參考線時，參考線也會**靠齊格點**。可以**開啟**或**關閉**這項功能。

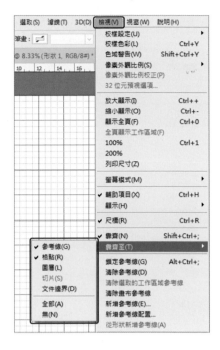

一、顯示或隱藏格點、參考線或智慧型參考線

● 點選「**檢視 → 顯示 → 格點**」。

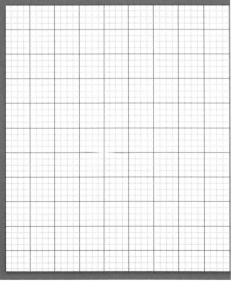

● 點選「**檢視 → 顯示 → 參考線**」。

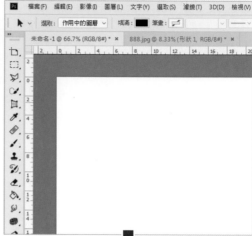

TIPS 此參考線是顯示及隱藏，但要先在尺標上拉出參考線後才能夠顯示，不然無法點選。

● 點選「**檢視 → 顯示 → 智慧型參考線**」。

● 點選「**檢視 → 輔助項目**」。這個方式也可以**顯示或**
隱藏圖層邊緣、選取範圍邊緣、目標路徑和切片。

二、放置參考線

1　如果尺標尚未顯示，點選「**檢視 → 尺標**」。

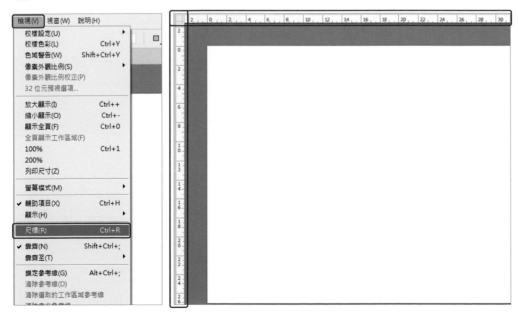

2 請執行下列任一項作業，建立參考線：

⊙ 點選「**檢視 → 新增參考 線 → 水平**或**垂直**方向輸 入位置 → **確定**」。

⊙ 從**水平**的尺標拖移，建立水平的參考線。從**垂直**的尺標拖移，建立垂直的 參考線。

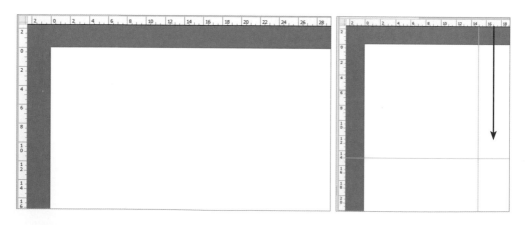

⊙ 按住 Alt 鍵 (Windows) 或 Option 鍵 (Mac OS)，**垂直尺標**拖移會變水平的參考線。**水平尺標**拖移會變垂直的參考線。

⊙ 按住 Shift 鍵並從水平或垂直尺標拖移，建立靠齊尺標刻度的參考線。拖移參考線時，指標會變成雙向箭頭。

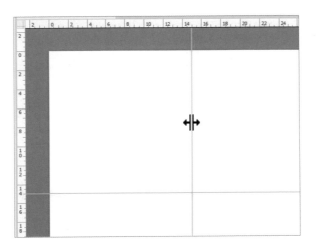

3 如果想鎖定所有參考線，請點選「**檢視 → 鎖定 參考線**」。

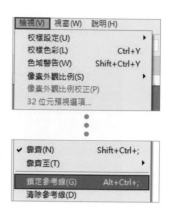

三、移動參考線

1 選取**移動**工具。

2 以下列任一方式移動參考線：

◎ 拖移參考線加以移動。

◎ 在拖移參考線時，按住 Alt 鍵 (Windows) 或 Option 鍵 (Mac OS)，可 以將參考線從**水平變更為垂直**，或從**垂直變更為水平**。

- 在拖移參考線時，按住 Shift 鍵，可以將參考線**對齊尺標刻度**。如果顯示格點，點選了「**檢視 → 靠齊至 → 格點**」，參考線會靠齊格點。

四、從影像中移除參考線

執行下列任一項作業：

◎　將參考線拖移到影像視窗外，移除單一的參考線。

◎　點選「**檢視 → 清除參考線**」，移除所有的參考線。

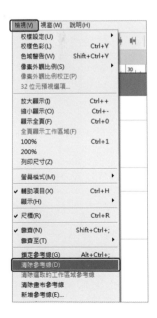

五、設定參考線和格點偏好設定

1 執行下列任一項作業：

◇ (Windows) 點選「**編輯 → 偏好設定 → 參考線、格點與切片**」。

◇ (Mac OS) 點選「**Photoshop → 偏好設定 → 參考線、格點與切片**」。

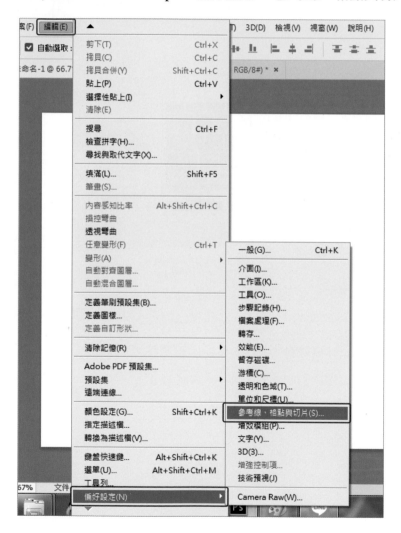

2 在**顏色**方框中選擇參考線和格點的顏色。

如果選擇**自訂**，請按一下「**顏色方框 → 顏色 → 確定**」。

3 在**樣式**方框中選擇參考線、格點或兩者的顯示選項。

4 在**每格線**方框中，輸入格點間隔的數值。在**細塊**輸入再細分格點的值。如果需要，可以更改選項的單位。**百分比**選項建立的格點，會將影像分割成平均等分。例如，如果在**百分比**選項中選擇 25，就會建立均分的 4×4 格點。

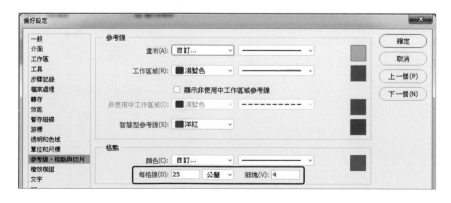

六、有效使用智慧型參考線

智慧型參考線在多種情況下都非常實用。

⊙ **按住 Alt 鍵 (Windows) 或 Option 鍵 (Mac OS) + 拖移圖層**

當按住 Alt 鍵或 Option 鍵並拖移圖層，會顯示度量參考線，顯示出原始圖層與複製圖層之間的距離。這個功能可以搭配**「移動」**和**「路徑選取」**工具使用。

● **路徑度量：**處理路徑時會顯示度量參考線。當選「路徑選取」工具，並在同一圖層中拖移路徑時，也會顯示度量參考線。

● **符合間距：**複製或移動物件時會顯示度量
參考線，以顯示與所選物件及其周圍物件
之間間距相符的其他物件之間的間距。

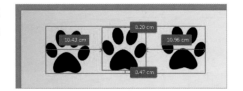

● **按住 Ctrl 鍵 (Windows) 或 Cmd 鍵 (Mac OS) + 游標停留在圖層上：**可以在處理圖層時看到度量參考線。

● **點選一個圖層 → Ctrl 鍵 (Windows) 或 Cmd 鍵 (Mac OS) → 將滑鼠指標停留在另一個圖層上：**可以使用方向鍵搭配這個功能，來移動選取的圖層。

● **與畫布的距離：**當**按住 Ctrl 鍵 (Windows) 或 Cmd 鍵 (Mac OS)** 並將鼠標移到形狀外，會顯示到畫布的距離。

3.2　向量圖形

向量圖形＝也稱為**向量形狀**或**向量物件**。

可以隨意移動或修改向量圖形而不會喪失細節或清晰度，**向量圖形與解析度無關**，無論是調整大小、列印到 PostScript 印表機、儲存於 PDF 檔案或者讀入支援向量圖形的應用程式，都可維持乾淨俐落的邊緣。所以**向量圖形是插圖之類的圖稿最佳的選擇**，因為使用這類圖稿時會用到不同的大小和輸出媒體。

使用 Adobe Creative Suite 的繪圖和形狀工具所建立的向量物件，可以使用「**拷貝**」和「**貼上**」指令，在 **Creative Suite** 元件之間複製向量圖形。

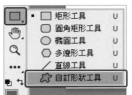 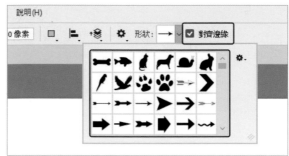

一、結合向量圖像與點陣影像

當一份文件中**同時包含向量圖像與點陣影像時**，圖案在螢幕上看起來的樣子並**不等於**它最後在媒體上的樣子。下列因素都會影響品質：

透明

許多效果會在圖稿中加入部份透明的像素。當圖案有透明部分時，會在列印或轉存之前執行一個叫做**平面化的處理程序**。在大部分情況下，預設的平面化處理程序會產生非常好的結果。如果圖案含有複雜、重疊的區域，又要求高解析度的輸出，可能需要**預視平面化的效果**。

影像解析度

在列印的影像上**使用太低的解析度，會導致像素化而印出大而粗糙的像素**。使用**太高的解析度會增加檔案大小，反而降低列印圖案的速度，也沒有提高列印輸出的品質**。因此，使用正確對應到輸出要求的解析度，是必要的基本設置條件。

印表機解析度和網線數

影像解析度、印表機解析度和網線數之間的關係，會決定列印影像的細節品質。

二、建立形狀圖層

1 點選「**形狀工具**」或「**筆型工具**」。

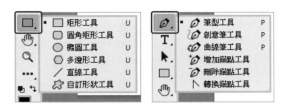

2 選擇形狀的顏色，「**填滿 → 檢色器 → 選擇顏色**」。

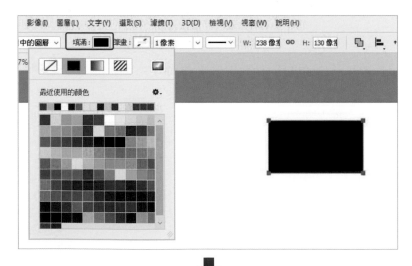

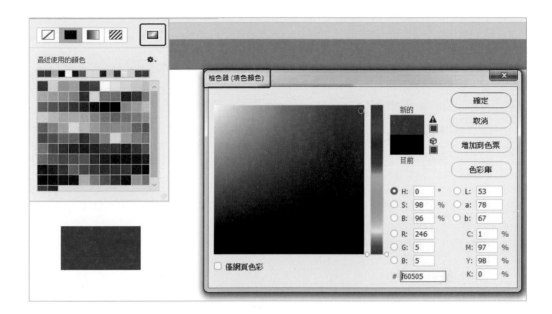

3 若要將樣式套用至形狀，點選選項列中的「樣式」選取一個樣式。

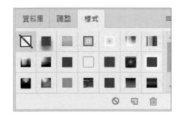

4 在影像中拖移以繪製形狀：

⟩ 若要繪製正方形、圓形、或特殊的直線角度，在繪製時**按住 Shift 鍵**。

⟩ 若要從中央往外繪圖，按一下「**形狀中央 → 點從中央 → 確定**」，然後沿著對角線方向拖移至任何角落或邊緣，直到形狀變成所需的大小

三、建立、編輯及操作

形狀圖層相關工具

Photoshop 有很多種形狀工具能使用，例如：矩形工具、圓角矩形工具、橢圓工具、多邊形工具、直線工具、自訂形狀工具。

在螢幕的左上方有個「**形狀**」，開啟會出現三個選項：形狀、路徑、像素，依照需要而點選。

使用形狀工具按下空白處，會出現「**建立矩形**」可以在對話框中設定：「**寬度、高度 → 確定**」，會出現一個形狀圖層。

使用「**多邊形工具**」在空白處點一下，會出現建立多邊形對話框，可以設定所需的寬度、高度、邊數。

編輯形狀圖層的筆畫和填色：在螢幕的上方有「**填滿**」、「**筆畫**」選項，內容有無色彩、顏色、漸層、圖樣。

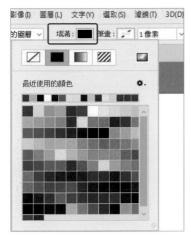  

在顏色中，可以點選你所需的顏色。

漸層方框中的長方格，可以增加顏色小方框用來設定漸層色彩變化使用，如要刪除，可以用滑鼠按住小方框，並拖移出漸層方框即可。

漸層方框下可設定漸層表現效果：線性、放射性、角度、反射性與菱形，共 5
種漸層方式表現。

「**筆畫**」旁有個像素，像素值設定越高，筆畫就愈粗，越低就愈細。

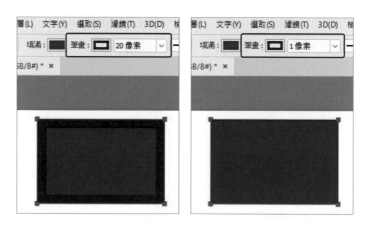

TIPS 選項列點選筆畫的藍色文字，會出現筆畫選項，可以選擇不同的筆畫表現
形式，在「其他選項」中可以更改間隙，並且按下「儲存」新增新的筆畫。

編輯多個形狀圖層

按住 Shift 鍵就能一次選取多個圖層，也可同時變換各種模式。

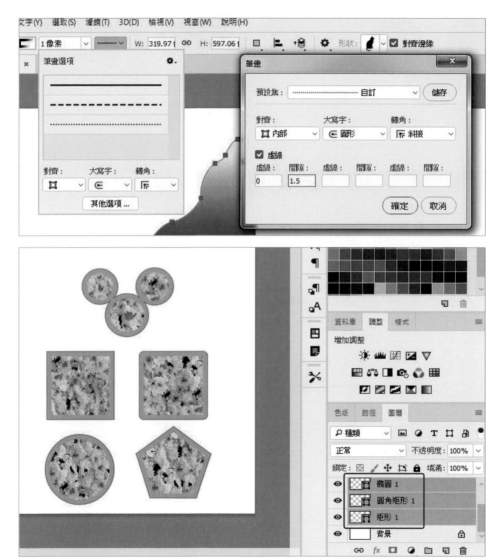

如果要讓左邊的形狀圖層表現形式與右邊的圖層一樣：

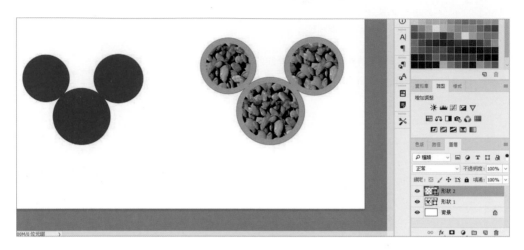

● 可以在「**要複製的圖層上按右鍵 →
複製形狀屬性**」。

● 在「**要被複製的圖層按右鍵 → 貼
上形狀屬性**」。

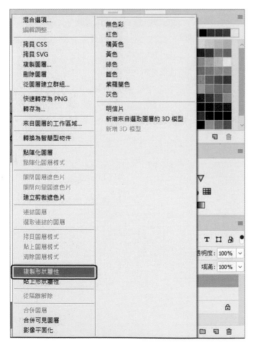

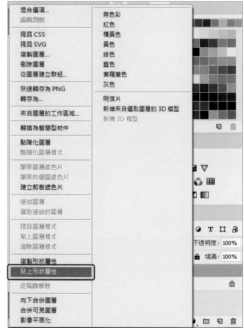

如果只是想複製單一一種效果，選擇「**直接選取工具** → **點一下要複製的圖層** → **並在要複製的圖層畫面上按右鍵** → **複製填色或拷貝完整筆畫**」。

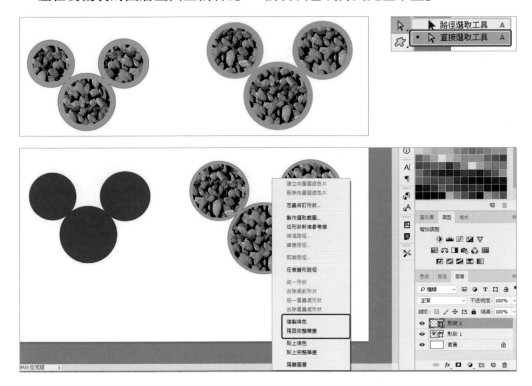

「**點一下要被貼上的圖層** → **並在要被複製的圖層畫面上按右鍵** → **貼上填色或 貼上完整筆畫**」。

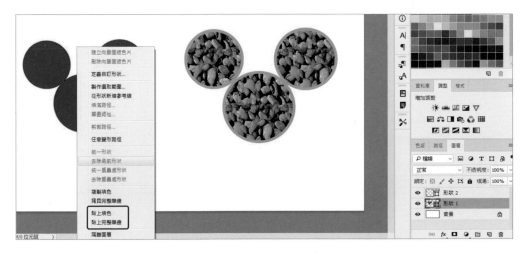

也可以在填滿的部分按下「**齒輪中的 → 複製填色或貼上填色**」。

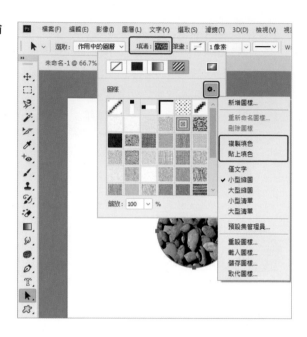

- 組合形狀：按下 Shift 鍵一次選取 → 圖層 → 組合形狀 → 選擇要設定的形狀組合形式。

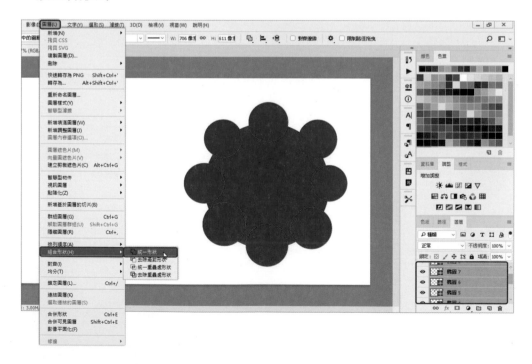

● **使用次路徑**：當路徑合併為一個形狀圖層時，可以使用選項列的「**路徑操作**」，來製作你所要的圖形。

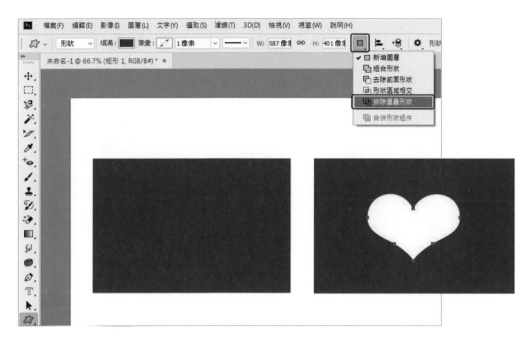

● **調整路徑的上下排列順序**：選取路徑位置使用上方的「**路徑安排**」，選擇所要的位置順序。

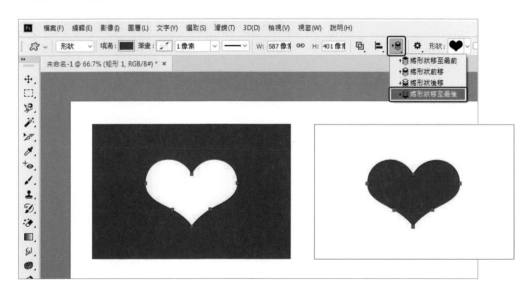

● **對齊次路徑**：對齊路徑可以使用上方的「**路徑對齊方式**」，選擇所要的位置。

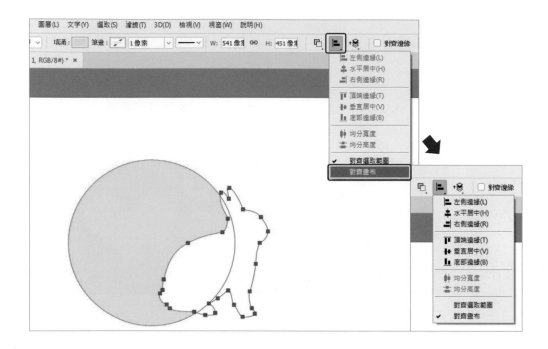

四、在一個圖層中繪製多個形狀

可以在圖層上繪製不同的形狀，或是使用「**增加**」、「**減去**」、「**相交**」、「**排除**」選項，修改圖層上目前的形狀。

1 選取要增加形狀的圖層。

2 選取繪圖工具，並設定工具選項。

3 在選項列中選擇下列任一項選項。

組合形狀	在現有的形狀或路徑中**增加**新的區域。
去除前面形狀	從現有的形狀或路徑中**減去**重疊區域。
形狀區域相交	將區域限制為新區域與現有形狀或路徑的**相交**部分。
排除重疊形狀區域	**排除**新區域與現有區域合併後的重疊區域。

五、繪製甜甜圈形狀

在現有的圓形形狀裡剪下中間一個同心圓形形狀，露出底下的圖層，建立一個甜甜圈形狀，運用形狀的交集、差集運算出的組合，可以製作出各種特色的形狀表現，包括自訂形狀在內。

1 點選「**橢圓工具**」。

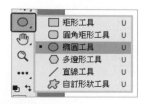

2 選單中選擇「**形狀**」。

3 在文件視窗中拖移可以繪製橢圓形，按住 Shift 鍵，畫出兩個相疊的正圓形。

4 點選「去除前面形狀」按鈕。

5 在新的形狀中拖移，建立要減去的形狀。放開滑鼠按鍵時，新形狀底下的影像就會顯示出來。

6 如果要重新定位形狀，按一下工具箱中「**路徑選取工具**」。將形狀拖移到新的位置，每按一次鍵盤上下左右鍵，推動一個像素以重新調整各形狀的位置。

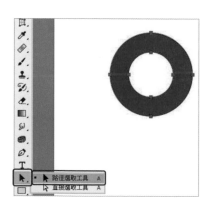

TIPS　按住 Shift 鍵，可點選一個以上的路徑。

六、繪製自訂形狀

可以使用「**自訂形狀**」**面板**中的形狀來**繪製自訂形狀**，或是**儲存形狀**或路徑以便用來做為自訂形狀。

1　點選「**自訂形狀工具**」。

2　點選選項列中「**自訂形狀**」**面板**以選取形狀。

　　如果面板中找不到想要的形狀，按一下「**面板右上角的齒輪 → 選擇不同類別的形狀 → 是否要取代目前的形狀 → 取代**」，檢視新類別中的形狀或是按下「**加入**」，將其他類別的形狀加入到面板中。

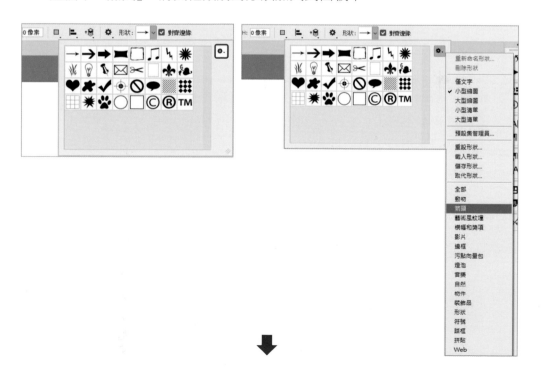

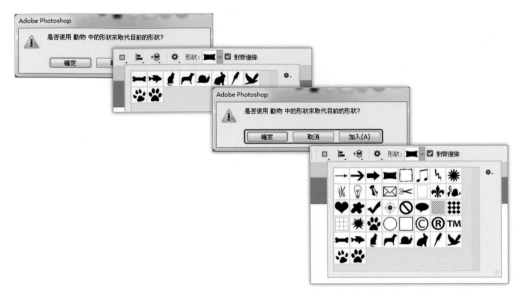

3　在文件中以繪製形狀。

七、將形狀或路徑儲存為自定形狀

1　在視窗中開啟「**路徑面板 → 路徑**」，路徑可以是形狀圖層的向量圖遮色片、工作路徑或已儲存的路徑。

2　點選「**編輯 → 定義自訂形狀 → 形狀名稱中輸入新的形狀名稱**」。新增的形狀就會顯示在選項列的「**自定形狀工具**」面板中。

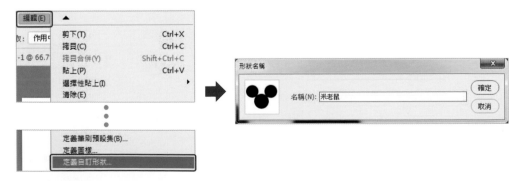

八、設定形狀圖層混合模式

1 點選「**形狀工具**」。

2 在選項列設定「**填滿**」。

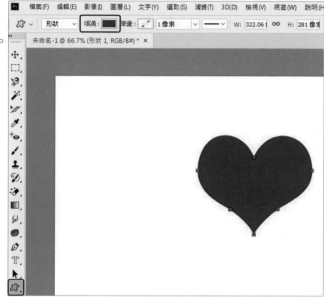

3 在圖層視窗的圖層混合模式設定下列選項：

◇ **模式**：控制形狀對影像中現有像素的影響。

⊘ **不透明：**不透明度為 1% 的狀況幾乎透明，不透明度為 100% 的狀況則完全不透明。

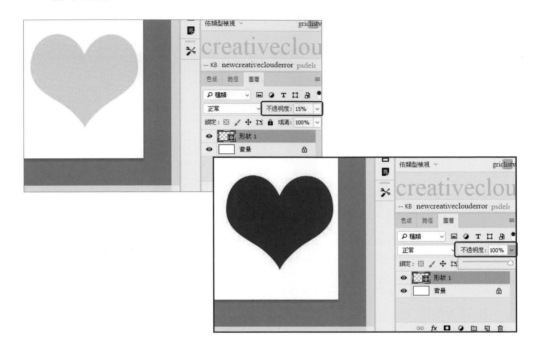

⊘ **消除鋸齒：**將邊緣像素平滑化，並與周圍像素混合。

九、形狀工具選項

切換到形狀工具，可以在選項列調整設定選項，以先進行形狀的表現與不同形式的設定。

起始和末端箭頭

點選「**直線工具 → 起始**」，將箭頭加到直線的起始端；點選「**末端**」將箭頭加到直線的末端。如果兩個選項都選取，則可以在直線的兩端都加上箭頭。形狀選項會顯示在對話框中。輸入「**寬度**」和「**長度**」的值，以線段寬度的百

分比（「**寬度**」為 10% 到 1000%，「**長度**」為 10% 到 5000%) 指定箭頭的比例。輸入箭頭的凹度值（從 - 50% 到 +50%)。凹度值定義箭頭最寬處（就是箭頭與線段會合的地方）的彎曲量。

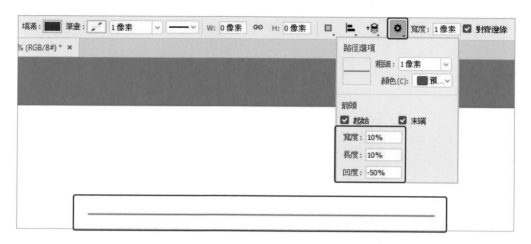

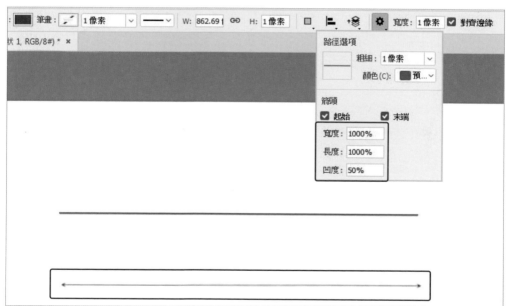

TIPS 也可以使用向量選取和繪圖工具直接編輯箭頭。

定義等比例

建立自訂形狀時的**比例**進行演算。

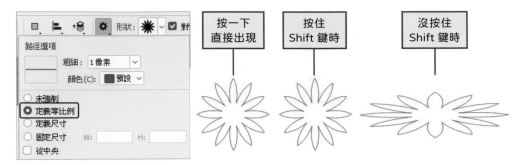

定義尺寸

建立自訂形狀時的**尺寸**進行演算。

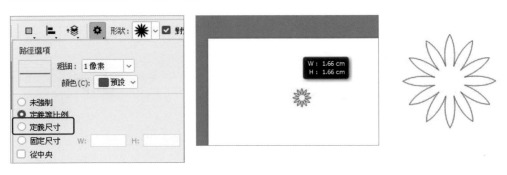

固定尺寸

在「**寬度**」和「**高度**」中輸入的值，將矩形、圓角矩形、橢圓或自訂形狀為固定形狀。

從中央

矩形、圓角矩形、橢圓或自訂形狀，在繪製過程中以中心往四周進行製作。

 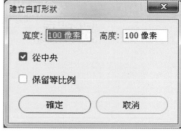

內縮側邊

將多邊形演算為星形，在文字方塊中輸入百分比，指定端點強度部分。設定為 50% 會建立佔整個星形強度一半的端點；較大值會建立較尖銳、較細的端點，較小值則會建立較飽滿的端點。

等比例

在「**寬度**」和「**高度**」文字方塊中輸入的值，將矩形、圓角矩形或橢圓算為等比例的形狀。

半徑

如果是圓角矩形，會指定轉折強度；如果是多邊形，則會指定從多邊形中心到外端點的距離。

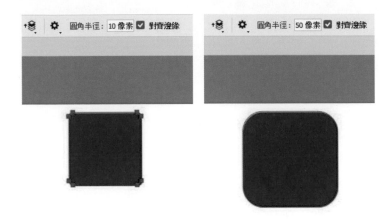

邊

指定多邊形的邊數。

平滑轉折角或平滑內縮

包含平滑轉折角或內縮的多邊形。

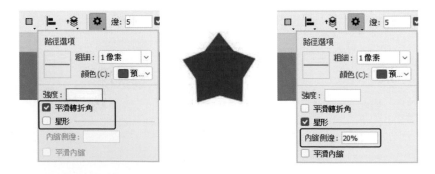

靠齊像素

將矩形或圓角矩形的邊緣靠齊像素邊界。

未強制

可以用拖移方式，設定矩形、圓角矩形、橢圓或自訂形狀的寬度和高度。

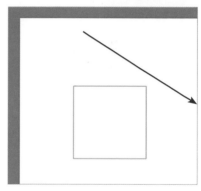

寬度

決定「**直線**」工具的寬度。

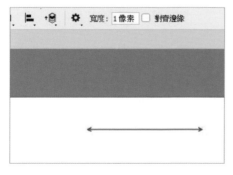
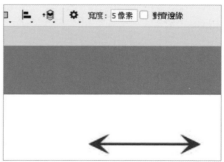

TIPS

若要變更其他形狀工具的外框筆畫寬度，點選「圖層 → 圖層樣式 → 筆畫」。

十、編輯形狀

形狀是與向量圖遮色片連結的填色圖層。可以用編輯形狀的填色圖層,將顏色變更為不同的顏色、漸層或圖樣。也可以編輯形狀的向量圖遮色片,修改形狀外框,並將樣式套用至圖層。

● 變更形狀的顏色,在「**圖層**」**面板**中按兩下 →「**檢色器**」選顏色。

● 要以圖樣或漸層填滿形狀,
  在「**圖層 → 選取形狀圖層**」
  然後在「**圖層 → 圖層樣式
  → 漸層覆蓋**」。

- 要更改筆畫寬度，在「**圖層 → 選取形狀圖層**」然後在「**圖層 → 圖層樣式 → 筆畫**」。

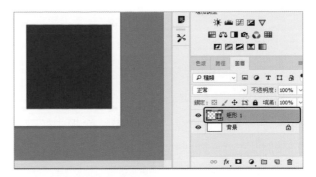

- 要修改形狀的外框，請在「**圖層版面**或**路徑版面中 → 形狀圖層 → 向量圖遮色片縮圖**」然後使用「**直接選取和筆型工具**」更改形狀。

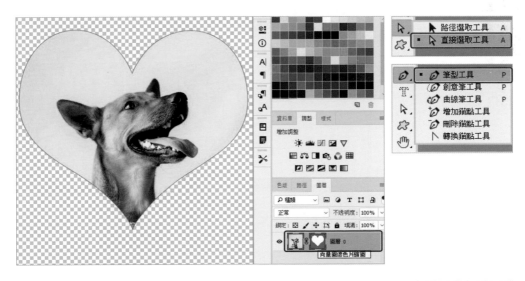

- 在移動形狀時不想改變其大小或比例，可使用「**移動工具**」。

3.3　調整裁切、旋轉及版面編輯

一、使用裁切指令裁切影像

1 使用選取工具，選取要保留的影像部分。

2 點選「影像 → 裁切」。

二、使用修剪指令裁切影像

「修剪」是用來移除不要影像資料的方式，和「裁切」不同。可以修剪周圍的透明像素或背景的指定色彩像素，來裁切影像。

1️⃣ 點選**「影像 → 修剪」**。

2️⃣ 在**「修剪」**對話框中，選取選項：

◎ **「透明像素」**會修剪掉影像邊緣的透明，留下不透明像素的最小影像。

◎ **「左上角像素顏色」**會自影像移除左上角像素顏色的區域。

⊙ 「**右下角像素顏色**」會自影像移除右下方像素顏色的區域。

3 點選**一個或多個**要修剪掉的影像區域：
頂端、底部、左側、右側。

三、裁切及拉直掃描相片

可以在掃描器上放置數張相片進行掃描，這樣就會建立單一影像檔案。「**裁切及拉直相片**」是一個自動化的功能，可以從多重影像掃描作業中建立多個不同的影像檔案。

為了取得最佳的效果，掃描中的各個影像間應保持 1/8 英寸的間距，同時背景應該是雜色極少的一致顏色。「**裁切及拉直相片**」最適合用來處理**輪廓清晰的影像**。如果「**裁切及拉直相片**」無法正確處理影像檔案，改用「**裁切**」工具。

1 開啟含有想分離影像的掃描檔 → 選取包含這些影像的圖層。

2 在要處理的影像周圍繪製選取範圍。(選擇性)

3 點選「**檔案 → 自動 → 裁切及拉直相片**」。處理過掃描的影像後，每一個影像都會在各自的視窗中開啟。

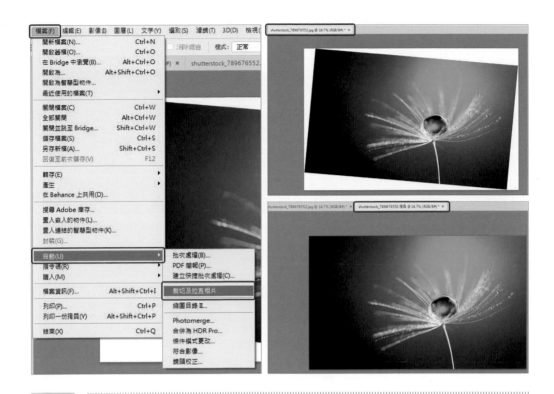

TIPS　　　如果「裁切及拉直相片」不正確地分割了某一個影像，可以在影像和部分背景周圍建立選取範圍邊界，然後在選擇此指令時，按住 Alt 鍵（Windows）或 Option 鍵（Mac OS）。這個輔助按鍵表示只有一個影像要與背景分離。

四、拉直影像

尺標工具提供「**拉直**」選項，可迅速將影像對齊水平線、建築物牆面及其他關鍵成份。

1　點選「**尺標**」工具。(可以按住滴管工具以顯現尺標。)

2 在影像中，按下選項中的「**拉直**」，再沿著要水平或垂直的方向拖曳滑鼠。

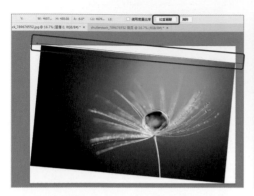 

如果要顯示超出新文件邊界的影像區域，點選「**編輯 → 還原任意變形**」。

TIPS 若要完全略過自動裁切，在按「拉直」的同時按住 Alt (Windows) 或 Option (Mac OS)。

五、旋轉或翻轉整個影像

「**影像旋轉**」可以旋轉或翻轉整個影像。這個指令針對檔案中所有圖層、路徑。如果想要旋轉某個選取範圍或圖層，需使用「**變形**」或「**任意變形**」。

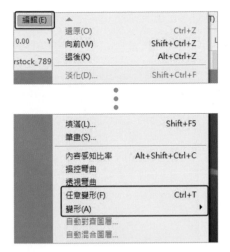

TIPS 「影像旋轉」屬於破壞性的編輯作業，並會實際地修改檔案資訊。

1 點選「**影像 → 影像旋轉**」，並從次選單中選擇下列任一項指令：

● **180度**：將影像旋轉半圈。

- **順時針 90 度**：順時針旋轉影像四分之一圈。
- **逆時針 90 度**：逆時針旋轉影像四分之一圈。

- **水平或垂直翻轉版面**：沿著對應軸翻轉影像。

- **任意**：依指定的角度旋轉影像。如果選擇此選項就在角度文字方塊中輸入介於 -359.99 到 359.99 的角度 (可以選擇「順時針」或「逆時針」) 按一下「確定」。

六、更改版面尺寸

版面尺寸是指完整的影像可編輯區域。「版面尺寸」**可增加或縮小影像的版面尺寸**。增加版面尺寸會增加現有影像周圍的空間；縮小影像的版面尺寸會裁切到影像周圍的空間。如果增加具有透明背景之影像的版面尺寸，增加的版面就是透明的。如果影像不具有透明背景，就會提供多個選項來決定所增加版面的色彩。

1 點選「**影像 → 版面尺寸**」。

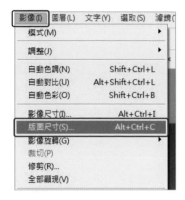

2 執行下列任一項作業：

⊙ 在「**寬度**」和「**高度**」方框中輸入版面
的尺寸，彈出式選單中選擇需要的度量
單位。

⊙ 點選「**相對 → 輸入要在目前的版面尺寸上增加或縮減**」。正數會增加版
面，負數會縮減版面。

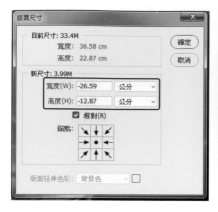

3 在「**錨點 → 方塊**」，設定現有影像放在
新版面的位置，以增加或縮減影像範圍。

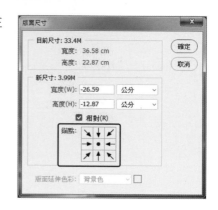

4 從「**版面延伸色彩**」選單中選擇選項：

前景色	目前的前景色填滿新的版面
背景色	目前的背景色填滿新的版面
白色、黑色、灰色	所選的顏色填滿新的版面
其他→檢色器	選取新的版面色彩

如果影像不包含背景圖層，則「**版面延伸色彩**」
選單就無法使用。

七、使用預設動作製作邊框

可以利用放大版面尺寸然後填上顏色來製作相框，也可以使用其中一種預錄動作來製作設定好樣式的相框。要保留原始圖像，最好是使用相片拷貝來處理。

1 開啟動作面板「**視窗 → 動作**」。

2 在「**動作面板 → 邊框 →** 選擇其中一種邊框動作」。

3 按下「**播放選取的動作**」按鈕。動作將開始播放，在相片周圍建立相框。

綜合應用範例

3.4 運用漸層效果進行可印刷的會員卡設計

使用功能

檔案設定、填滿圖層與漸層、編輯與彎曲、參考線設定、向量圖形置入、圖層樣式、文字工具。

範例素材　素材來源：漂漂老師

Photoshop ＞ part3- 實務範例

完成檔案

Photoshop ＞ part3- 實務範例＞ part3- 實務範例

範例實作

1 設定會員卡規格檔案

① 執行「檔案＞開新檔案」。

TIPS　一般名片規格為 9×5.4cm，出血為 0.1cm，上下左右加上出血設定後，完稿規格應設定 9.2×5.6cm（92×56mm），出血是在印刷輸出時，預留裁切使用的邊界設定，以防止裁切後露出紙張邊緣色彩。

印刷檔案在 Photoshop 製作時，須以 RGB 模式進行設計製作，方可進行影像色彩調整、濾鏡特效…等色光模式運作的功能，檔案完成儲存後，再轉換 CMYK 色彩模式，另存印刷用格式進行輸出。

2 填滿圖層與漸層設定

① 執行「**圖層 > 新增填滿圖層>純色**」，設定底色。

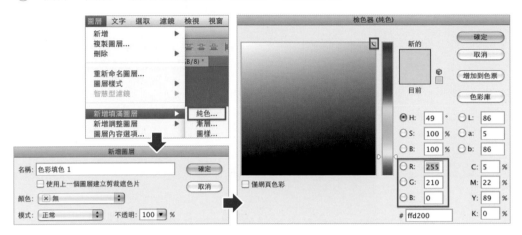

② 執行「**圖層 > 新增填滿圖層>漸層**」，設定漸層色彩。

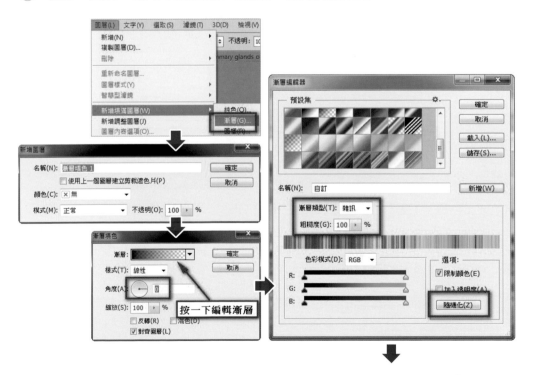

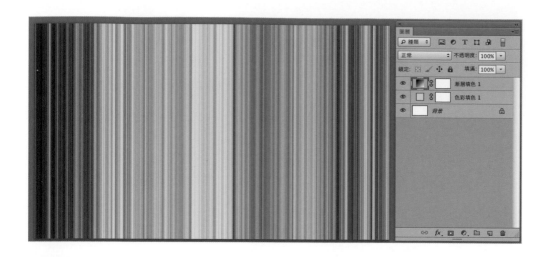

TIPS 　　　漸層粗糙度影響漸層表現是否銳利，「純色」漸層自行設定色彩漸變，以「雜訊」進行設定的漸層，每次隨機產生出不同形式的漸層色彩搭配。

3 設定調整圖層

① 執行「圖層＞複製圖層」，並關閉「漸層填色 1」圖層的顯示狀態。

② 在「漸層填色 1 拷貝」圖層，執行「圖層＞點陣化＞填滿內容」。

點陣化的圖層無法再
進入漸層編輯選項

CONCEPT 　在 Photoshop 中，圖層視窗可判讀影像的組成內容，以像素組成的圖層，顯示會以實際影像呈現，若有特殊形態，多代表其為向量或可編輯的模式，非點陣化的影像無法執行影像調整，若帶有遮色片則無法執行濾鏡特效…功能，因此如要執行上述設定，則須先將圖層進行點陣化的操作。

像素組成的圖層顯
示狀態，會以實際
影像的方式呈現

③ 在「漸層填色 1 拷貝」圖層，執行「編輯＞變形＞彎曲」。

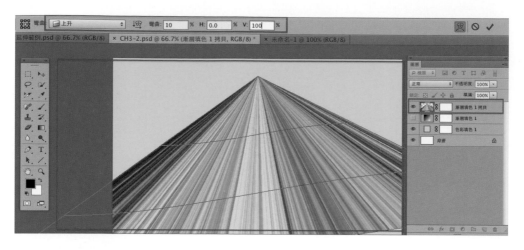

4 建立參考線

① 「**檢視＞尺標**」，開啟　② 使用工具箱或導覽器（「**視窗＞導覽器**」）進行
尺標以拖曳參考線。　　　畫面縮放。

③ 從尺標處拖曳參考線，分別
設定上下左右出血 0.1cm
處，作為構圖參考。

從尺標處，往下拖曳出水平參考
線，將參考線定位在0.1cm處

④ 或以「**檢視＞新增參考線**」，直接輸入參數進行設定參考線。

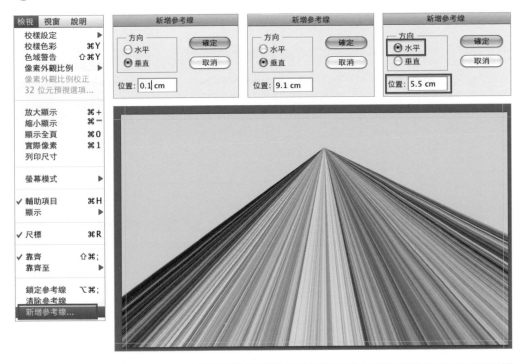

TIPS 參考線可經由移動工具進行編輯，並可自「檢視」功能，進行新增、刪除、鎖定，及隱藏。

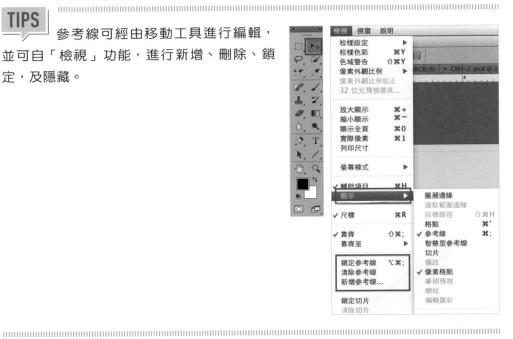

5 　置入向量檔案

① 「檔案＞置入＞ CH0304.ai」。

縮放影像到適當大小

② 「圖層＞圖層樣式＞筆畫」。設定邊緣筆畫色
　彩，以突出影像。

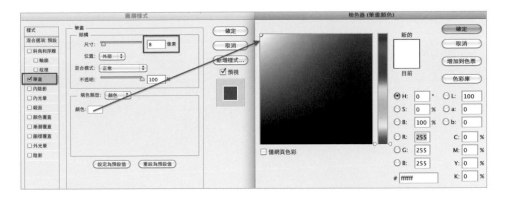

6 輸入文字並設計

① 使用文字工具輸入「品牌創意.視覺動畫.數位行銷」,並在「**視窗＞字元**」,或選項列進行文字設定。

② 重複步驟1,輸入並設定文字「Piao Piao Class Facebook:www.facebook.com/piaopiaoclass」。

③ 使用選取工具設定標題底色出現範圍。

④ 「**圖層＞新增填滿圖層＞純色**」，設定
標題底色。

⑤ 使用移動工具，將中文字圖層往中間移動。

⑥ 在中文字上，執行「**圖層＞圖層樣式＞筆畫**」。設定邊緣筆畫色彩，以突出影像。

TIPS 文字字型可依據電腦中有的字型進行設定。

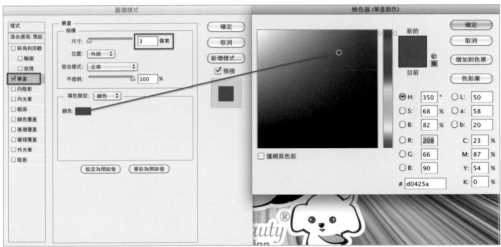

7 檔案儲存與輸出

① 「檔案＞另存新檔＞ part3- 實務範例 .psd」，保留製作內容。

② 「影像＞模式＞ CMYK 色彩」，將影像轉為印刷用色彩模式。

③ 完成製作，執行「**檔案＞另存新檔＞ part3- 實務範例 .tif**」。

 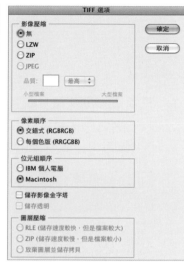

TIPS

▶ 影像模式轉換時，點陣化的選項主要是針對保留編輯變形尺寸的智慧型物件，將圖層是否運算成像素表現的設定。

▶ 平面化的設定則會將圖層合併，若要保留各圖層的編輯彈性，可選擇「不要平面化」選項。

▶ 色彩模式進行轉換時，有其運算的方式，若不想使用系統設定的內容，可自行設定描述檔進行色彩模式轉換的運算。

3.5 認證模擬試題練習

觀念題

1. 將各個詞彙及其定義進行配對。

   請將適當的詞彙從左側的清單配對右側的定義。

   （注意：每完成一項正確配對就能得分）

   ☐（A）向量　　　　　❶ 將使用幾何公式儲存的影像轉換成像素

   ☐（B）點陣化　　　　❷ 方格上的彩色小點所建立的影像

   ☐（C）重新取樣　　　❸ 透過定義點和曲線所建立的影像

   ☐（D）點陣圖　　　　❹ 調整影像中的像素數目

2. 您需要使用音符來創作標誌的某部分。除了使用字體之外，在哪裡可以找到向量音符？

   ☐（A）筆刷預設面板

   ☐（B）字符面板

   ☐（C）自訂形狀

   ☐（D）色票面板

實作題

1. 建立下列三條參考線以指出文字 DENNIS ANCHORTON >>> *舊金山的現場連線* 位置：

   ● 建立在文字開頭的垂直參考線

   ● 建立在文字頂端基準線的水平參考線

   ● 建立在文字底部基準線的水平參考線

2. 建立一個具有以下 6 項特徵的圓角矩形：

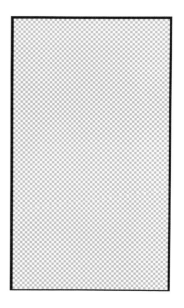

- 寬度：700 像素

- 高度：1280 像素

- 轉角半徑：40 像素

- 填滿：白色 (#FFFFFF)

- 筆劃：黑色 (#000000) 5 像素寬

- 對齊方式：相對於文件的中心和中間

（注意：您可以點擊有底線的文字進行複製。
如果任務期間開啟了對話框，則務必在開啟對
話框之前複製該文字。）

3. 在 120 像素位置放置水平參考線，以及在 150 像素位置放置垂直參考線。

4. 使用向量形狀工具直接在卡片上的紅色字母 K 的下方，以四邊的參考線作為參考，新增心形。對紅色字母 K 進行取樣以設定心形的色彩。

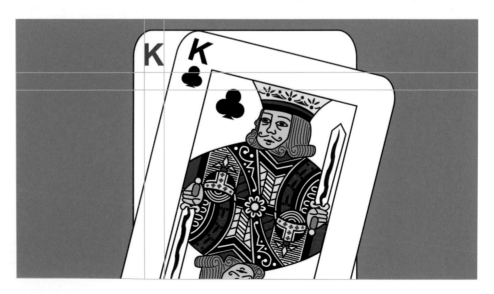

04 影像修補與色彩調整

4.1　內容感知修補

修補工具用來移除不想要的影像元素。「**修補**」工具
中的「內容感知移動工具」選項會合成附近區域的內
容，方便跟周圍內容產生無縫混合。

一、使用內容感知修正相片

1 在「**工具箱 → 按住污點修復筆刷 → 選取修補**」工具。

2 在選項列中，執行下列動作：

◎ **修補**：點選「**內容感知**」選項。

◎ **結構**：輸入 1 至 7 之間的值，**指定修補會出現現有影像圖樣的程度**。

◎ **顏色**：輸入介於 0 至 10 之間的值，**指定套用至修補的演算顏色混合程度**。

⊙ **取樣全部圖層**：此選項會使用所有圖層的資訊，在另一圖層建立動作的結果。在「**圖層面板**選擇要完成製作的**目標圖層**」。

3️⃣ 選取影像上要取代的區域。可以使用「**修補**」**工具**來繪製選取範圍，或其他任何選取範圍工具。

4 　將選取範圍拖移至要產生填色的區域上。

二、內容感知移動

使用「內容感知移動」工具可選取和移動圖片的一部分。影像會重新構圖，留下來的空洞則使用圖片中的相符元素加以填滿。

「內容感知移動」工具有兩種使用模式：

● 使用「**移動**」模式可將物件置入不同位置 (背景保持相似時最為有效)。

● 使用「**延伸**」**模式可以膨脹或收縮**。若是製作的圖像是建築物件，若想產生最佳的延伸效果，請在平行平面使用相片拍攝，不要有任何角度。

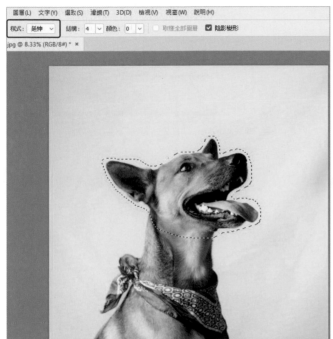

4.2 影像與色彩調整

一、去除色彩飽和度

「去除飽和度」指令**將彩色影像轉換成灰階值**，但將影像保留在相同的色彩模式中。例如，它會為 RGB 影像中的每個像素指定相等的紅色、綠色和藍色數值但每個像素的明亮值不會變更。「去除飽和度」會**永久更改背景圖層中的原始影像資訊**。這個指令與在「**色相／飽和度**」調整中將「**飽和度**」設定為負**100 相同**。如果需非破壞性編輯就要使用調整圖層的「色相／飽和度」。

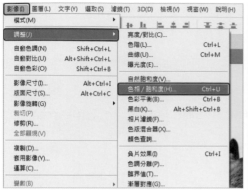

TIPS 如果使用的是多重圖層的影像，則「去除飽和度」只會轉換選取的圖層。

● 點選「影像 → 調整 → 去除飽和度」。

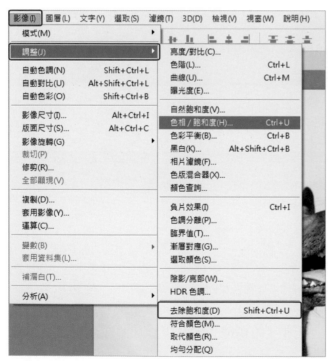

二、使用調整圖層反轉顏色

「負片效果」調整會**反轉影像中的色彩**。

TIPS 因為彩色列印的底片在底層含有一層橘黃色的遮色片,所以「負片效果」調整不能從掃描的彩色負片建立正確的正片影像。掃描底片時務必使用彩色負片的正確設定。

在轉換影像時,色版中每個像素的亮度值會轉換成 256 階層參數的顏色數值負片值;例如,正片影像中具有 255 數值的像素會變成 0,而數值為 5 的像素會變成 250。

執行下列其中一項操作:

⊙ 在「**調整視窗 → 負片效果**」。

⊙ 點選「**圖層 → 新增調整圖層 → 負片效果 → 新增圖層 → 確定**」。

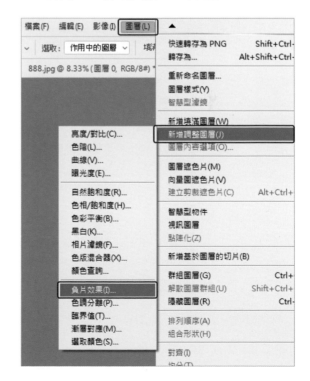

TIPS　　使用調整圖層修改影像，將新增一個調整圖層以非破壞性的方式調整影像，若點選「影像 → 調整 → 負片效果」，這個方法會在影像圖層直接進行調整，並放棄影像資訊。

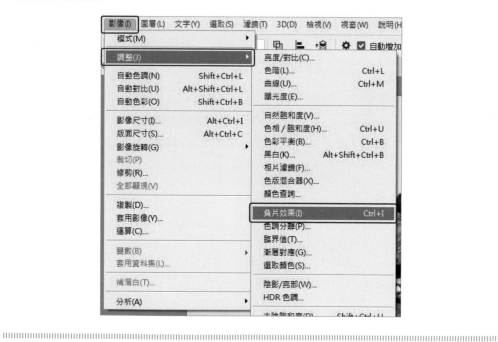

三、建立雙數值的黑白影像

「臨界值」調整可以將**灰階或彩色影像轉換成高反差的黑白影像**。可以指定特定的層級做為臨界值。所有比臨界值亮的**像素會轉換成白色**，而比臨界值暗的**像素會轉換成黑色**。

執行下列任一項作業：

⊚ 在「**調整視窗 → 臨界值**」。

⊚ 點選「**圖層 → 新增調整圖層 → 臨界值 → 新增圖層 → 確定**」。

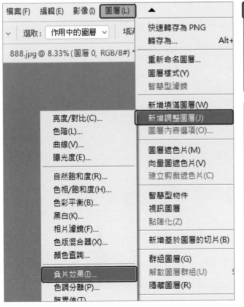

1 「**內容**」**面板**會顯示目前選取範圍中像素明度階層的色階分佈圖。

2 在「**內容**」**面板**中，拖移色階分佈圖下方的滑桿，拖移時影像會變更，反映新的臨界值設定。

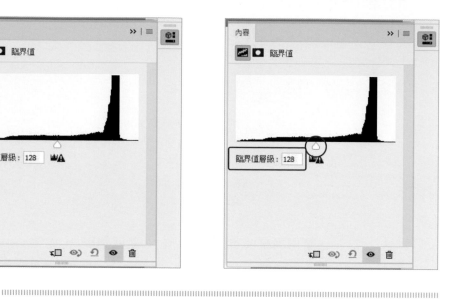

TIPS 破壞性的調整，可以點選「影像 → 調整 → 臨界值」。

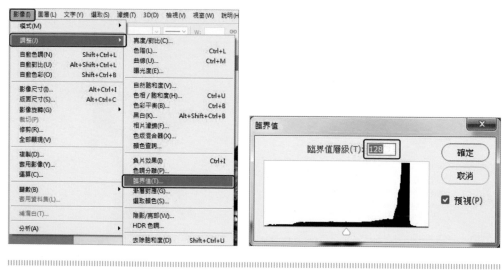

四、對影像進行色調分離

「色調分離」可以用來為影像的每個色版，指定色調層級的數目或亮度值，然後再將像素對應到最相近的符合層級。

此項調整在**建立特殊效果時很有用**，例如在相片中建立大範圍的平面區域。在灰階影像中降低灰階的數目時，這個指令的效果最為顯著；但是它也可以在彩色影像中產生有趣的效果。

TIPS 如果想在影像中製作特定的顏色數目，將影像轉換成灰階指定色階數目，接著再將影像轉換回之前的色彩模式，並用想要的顏色來取代各種灰色調。

執行下列任一項作業：

⊙ 在「**調整 → 色調分離**」圖示。

⊙ 點選「**圖層 → 新增調整圖層 → 色調分離 → 新增圖層 → 確定**」。

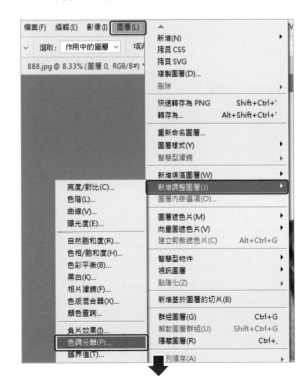

在「**內容面板**中，移動**色階**滑桿」或
輸入想要的色調色階數字。

TIPS

破壞性的調整，也可以點選「影像 → 調整 → 色調分離」。

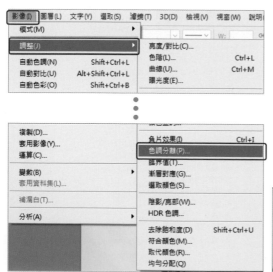

五、將漸層對應套用至影像

「漸層對應」會將**影像的相等灰階範圍，對應到特定漸層填色的顏色**。例如，指定了雙色的漸層顏色，影像中的陰影會對應到漸層顏色的其中一個端點顏色，亮部會對應到另一個端點，而中間調則對應到中間的漸層。

1 執行下列任一項作業：

⊘ 在「**影像 → 調整 → 漸層對應**」。

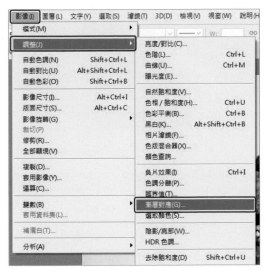

⊘ 點選「**圖層 → 新增調整圖層 → 漸層對應 → 漸層對應圖層 → 確定**」。

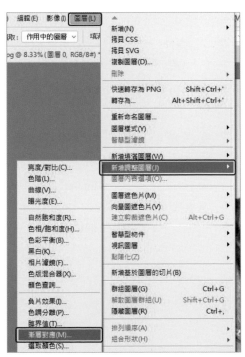

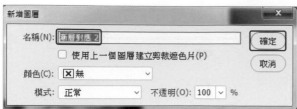

⊙ 在「**內容**」**面板**中，指定您要使用的漸層填色：

⊙ 要從漸層填色的清單中進行選擇，按下「漸層填色右邊的三角形 → 選取想要的漸層填色 → 內容面板的空白區域中按一下來關閉清單」。

○> 要編輯目前顯示的漸層填色，按下「**漸層填色 → 漸層編輯器 → 修改現有的漸層填色或建立漸層填色**」。

根據預設，影像的陰影、中間調和亮部，會分別對應到漸層填色的起始顏色、中間顏色和結束顏色。

2 「**漸層**」選項：

○> **混色：**增加雜訊的產生，進而形成漸層填色平滑的外觀，並減少條紋效果。

○> **反轉：**轉換漸層填色的方向，反轉漸層對應。

4.3 色彩調整與圖層模式創作視覺拼貼形象照

使用功能

調整圖層、填滿圖層、路徑編輯與調整邊緣、濾鏡特效、遮色片、文字工具。

範例素材　素材來源：Tiger / Deven Ho

Photoshop ＞ part4- 實務範例

完成檔案

Photoshop ＞ part4- 實務範例＞ part4- 實務範例 ok

範例實作

1 圖層複製與動態模糊

① 執行「檔案＞開啓舊檔＞ part4- 實務範例＞ part4- 實務範例 .jpg」。

② 執行「**視窗＞圖層**」，開啓圖層視窗，將背景圖層拖曳到新增圖層按鈕進行複製。

③ 在圖層視窗中，隱藏「**背景 拷貝**」圖層並切換到「**背景**」圖層。

④ 執行「**濾鏡＞模糊＞動態模糊**」，設定模糊角度與間距像素。

⑤ 重複步驟 3，複製已經模糊的「**背景**」圖層，建立「**背景 拷貝 2**」圖層。

⑥ 切換「**背景 拷貝 2**」圖層的圖層模式為「**色彩增值**」模式。

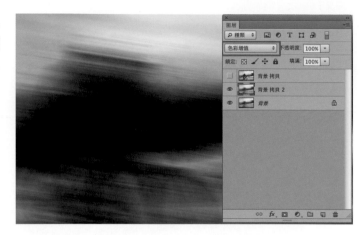

2 網點濾鏡特效

① 在圖層視窗中，複製「**背景**」圖層，並拖曳「**背景 拷貝 3**」圖層到「**背景 拷貝 2**」圖層上方。

② 執行「**濾鏡＞像素＞彩色網屏**」，設定網點錯位效果。

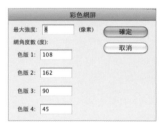

③ 設定「**背景 拷貝 3**」圖層為「**變暗**」模式。

3 設定調整圖層

① 執行「**圖層＞新增調整圖層＞黑白**」。

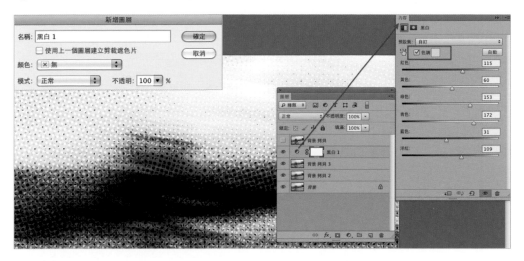

TIPS 使用調整圖層與直接進行「影像＞調整」的不同，在於：

❶ 可不破壞原始影像進行色彩調整，切換調整圖層的顯示與否，或是改變其內容設定、不透明度，皆可使影像進行色彩調整。

❷ 可不合併圖層的狀態進行色彩調整。製作影像合成時，常會有多個圖層疊加出來最後的影像，使用調整圖層，可不必合併圖層，即針對位於調整圖層下方的所有圖層進行色彩調整。

❸ 可在調整圖層中的遮色片進行黑、灰、白色彩的編輯，改變調整圖層影響影像的範圍，並可配合內容視窗的遮色片選項進行進階範圍調整。

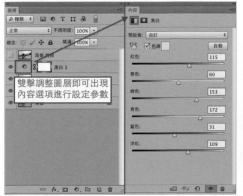

4 建立去背路徑

① 開啟「**背景 拷貝**」圖層顯示，並切換至圖層準備進行鋼筆去背。

② 將畫面放大兩倍，使用鋼筆工具在影像邊緣進行描繪。

將畫面放大兩倍，在
影像邊緣進行描繪

TIPS

路徑配合鋼筆工具，幫助設計者可以自由且更精緻的繪製圖形，並可任意放大縮小，而不會有失真的狀態產生。直接點按滑鼠產生的是直線屬性的路徑，按下滑鼠不放，往左右拖曳，會產生貝茲曲線的把手，協助弧形路徑的繪製。

以圓形為例，繪製的技巧為，在弧形的頂端產生貝茲曲線把手，控制左右路徑的弧度，愈靠近把手的位置，把手對弧度的控制度愈高。繪製圖形盡量以愈少錨點愈好，一方面可有效縮減檔案大小，更重要的是，愈少錨點的作用影響，繪製弧度可以更漂亮。要繪製封閉路徑，需注意最後一點繪製到第一點位置時，滑鼠位置會產生圓形符號代表封閉，此時再點選滑鼠完成路徑繪製。完成路徑繪製後，可配合工具箱中的路徑選取工具，選取整個路徑移動，或使用直接選取工具，選取路徑上單一或一個以上的點，進行細部調整。

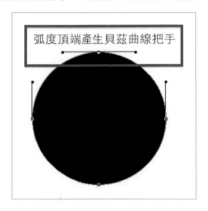

弧度頂端產生貝茲曲線把手

TIPS

繪製路徑的快速技巧：使用鋼筆工具，先直接繪製封閉路徑，當鋼筆的最後一個點在第一個點上時，會產生O形提示，表示為封閉路徑，之後再用直接選取工具，搭配增加錨點、刪減錨點、轉換錨點三個工具，進行調整。要改變錨點為直線或弧線屬性，直接在錨點上點一下，或拖曳錨點，即會轉換錨點屬性為直線或曲線。

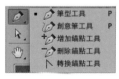

③ 繪製成封閉路徑後，再使用直接選取工具，與轉換、刪除、增加錨點工具，進行路徑調整。

TIPS　製作好的路徑可應用於：❶ 製作選取範圍、❷ 填滿路徑、❸ 筆畫路徑。並可製作為有向量遮色片的圖層。路徑並不影響圖像，但與圖像同時存在時，Photoshop 會優先編輯路徑，如進行編輯＞變形，路徑若顯示在畫面上，則是進行變形路徑。　另外產品圖像去背也是用路徑工具進行描邊，建議去背時，將圖片放大至 200%，並靠圖形內部一點繪製路徑，之後將路徑製作選取範圍複製圖像時，去背的影像邊緣才不會留有殘餘的影像以外像素。

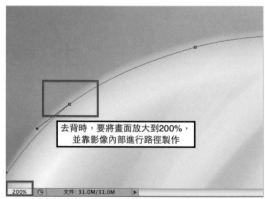

去背時，要將畫面放大到200%，並靠影像內部進行路徑製作

④ 執行「**視窗＞路徑**」，開啟路徑視窗，並在「**工作路徑**」上雙擊滑鼠，進入儲存路徑確定。

⑤ 製作圖層遮色片

① 在路徑視窗中，右方三角形開啟選項，選擇「**製作選取範圍**」，設定羽化強度「**1 像素**」。

TIPS 羽化像素會決定選取邊緣的羽化程度，一般印刷品與設計製作，多以1～2 像素的羽化，讓合成照片看起來更加自然且融合。

② 執行「**選取＞調整邊緣**」。設定邊緣的選取方式以及調整選取的結果，Photoshop 在 CC 不同版本將「**調整邊緣**」的選單修改翻譯為「**選取並遮住**」。

TIPS

調整邊緣 / 選取並遮住，是 Photoshop 非常好用的去背功能，它增強了在原本選取時，細部影像的偵測，再產生出適當的選取結果。使用時，可搭配原本的選取工具或路徑功能，如果選取的背景色彩構圖很單純，可直接用快速選取工具、磁性套索工具…進行選取，再搭配調整邊緣，設定更精確的選取範圍。本範例的背景色彩構圖複雜，因此先以路徑工具精細描繪出範圍，再進行調整邊緣的設定。

③ 使用移動工具，將「**背景 拷貝**」圖層往畫面右方移動。

使用移動工具，將主角往畫面右方移動

④ 雙擊「**背景**」圖層，解除背景圖層鎖定狀態，並新增圖層為「**圖層 0**」。

新增圖層	
名稱： 圖層 0	確定
□ 使用上一個圖層建立剪裁遮色片	取消
顏色： ☒ 無	
模式： 正常　不透明：100 ▼ %	

解除圖層鎖定狀態成為新圖層

⑤ 按 Shift 鍵同時選取「**圖層 0**」、「**背景 拷貝 2**」、「**背景 拷貝 3**」3 個圖層，執行「**編輯＞任意變形**」，將畫面旋轉製造速度感的效果。

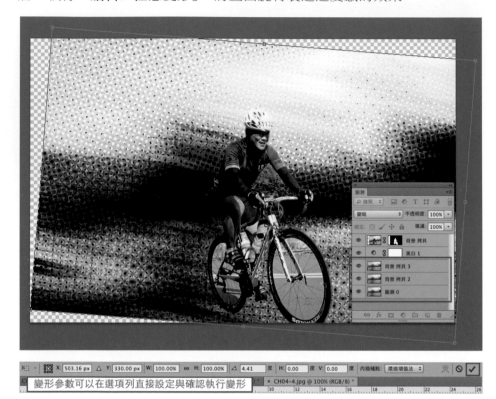

變形參數可以在選項列直接設定與確認執行變形

6 製作純色圖層

① 執行「**圖層＞新增填滿圖層＞純色**」，建立黑色填滿圖層。

② 在「**圖層視窗**」中，將「**色彩填色 1**」的純色圖層，移動到所有圖層的最下方。

TIPS 使用填滿圖層的優點在於色彩選擇的可變性，與調整圖層編輯方式相同，修改色彩參數時，雙擊圖層縮圖，即可進行設定。

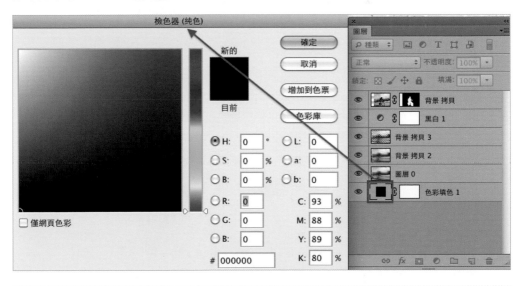

③ 在路徑視窗中，選取「**路徑1**」。

④ 重複步驟1，建立綠色填滿圖層。

⑤ 在圖層視窗中，移動「**色彩填色2**」圖層到「**背景 拷貝**」圖層下方，並切換圖層模式為「**覆蓋**」模式。

TIPS 設定填滿圖層或調整圖層之前，如有選取範圍，則會建立有圖層遮色片的
圖層，如為路徑選取狀態，則建立有形狀路徑的向量遮色片圖層，向量遮色片的特
色在於，可使用「直接選取工具、增加錨點、刪除錨點、轉換錨點工具」進行路徑
範圍的調整，並影響到影像顯現的結果。圖層遮色片與向量遮色片（形狀路徑）的
差異在於，圖層遮色片可設定灰階，讓影像有羽化與半透明的呈現效果。

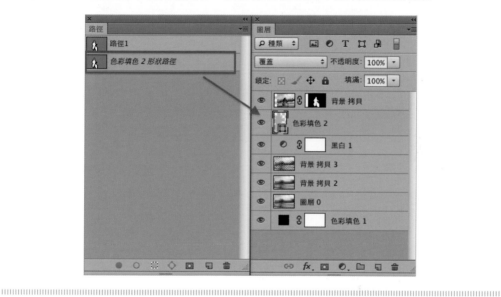

⑥ 使用「**路徑選取工具**」，將綠色
色彩填色圖層顯示範圍往主角
及往上移動。

⑦ 使用「**直接選取工具**」，調整下方輪胎顯示形狀。

⑧ 拖曳「**色彩填色 2**」圖層
至新增圖層符號，產生
「**色彩填色 2 拷貝**」圖層。

⑨ 使用移動工具，將「**色彩填色 2 拷貝**」
圖層，往主角移動。

⑩　在圖層視窗中，設定「**色彩填色 2 拷貝**」圖層色彩，並切換圖層模式為「**加亮顏色**」。

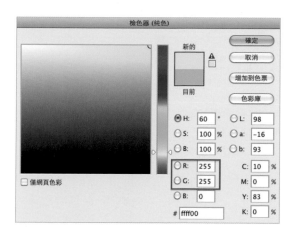

7　調整圖層與圖層遮色片

①　切換到「**背景 拷貝**」圖層，執行「**選取＞載入選取範圍**」，載入遮色片的選取範圍。

② 使用「**選取工具**」，減選人物以外的範圍。

③ 執行「**圖層＞新增調整圖層＞色階**」，設定主角對比及調亮影像。

TIPS

色階是 Photoshop 中在影像調整上非常有彈性的工具，影像在明暗的表現由輸入色階以圖形的方式呈現照片中資訊的多寡，標記 1 表示為表現圖片最暗部定義的位置，標記 3 表示為表現圖片最亮部定義的位置，而標記 2 則為表現圖片中間調的位置，當圖片屬於較亮的照片，在輸入色階中則會看到大量的資訊集中在右方，若圖片中缺乏某一明暗的資訊，則輸入色階圖上則會以較無圖形的方式表現。

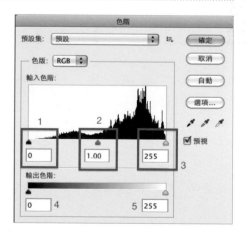

調整時，可直接調整標記的箭頭，移動標記的箭頭代表重新定義最亮部、最暗部與中間亮部的表現，如把標記 2 往左方移，整張圖片會偏亮，這是因為中間亮部到最亮部的表現區域變多而產生的結果，如把標記 1 或 3 往中間調整，則照片中亮部

與暗部的細節則會不見，代表標記以外的區域都定義為最亮或最暗。

輸出色階則是整張圖片調亮或調暗，亦可直接調整箭頭標記即可。

RGB 色版若切換為單一色版進行調整，則會對圖片色調產生意想不到的效果，這是由於影響到單一色版在黑、白、灰階的表現結果，建議也可以選取預設集的選項進行調整上的參考。

8 放射狀濾鏡特效

① 切換回主角圖層，使用「橢圓選取畫面工具」圈選輪圈範圍。

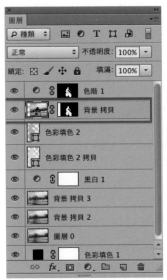

② 執行「編輯＞拷貝，編輯＞選擇性貼上＞就地貼上」。

③ 使用「**矩形選取畫面工具**」圈
選範圍。

④ 執行「**濾鏡＞模糊＞放射狀模
糊**」。

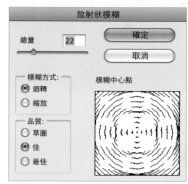

⑤ 切換圖層模式「**加亮顏色**」。

⑥ 重複步驟 1～5，製作前輪色彩表現。

9 輸入文字並設計

① 使用文字工具輸入
「NeverStop」。

② 切換回「**移動工具**」，開啓「**視窗＞字元**」，進行文字設定。

③ 使用選取工具設定標題底色出現範圍。

④ 執行「**圖層＞新增填滿圖層＞純色**」，設定黑色標題底色。

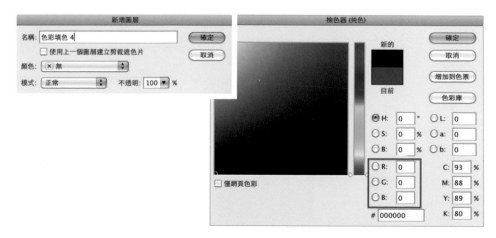

⑤ 重複步驟 1～2，輸入並設定文字「**永不放棄系列單車極限挑戰活動**」。

TIPS 文字字型可依據電腦中有的字型進行設定。

🔟 形狀製作

① 執行「檔案＞另存新檔＞ part4- 實務範例 .psd」，保留製作內容。

② 使用「**裁切工具**」，設定圖像出現範圍。

③ 完成製作，執行「**檔案＞另存新檔＞
part4- 實務範例 ok.psd**」。

4.4　認證模擬試題練習

觀念題

1.　您想要將硬碟上的參考影像檔數位化。您必須能夠在原始參考影像檔無法
　　使用的情況下處理文件。請問您會使用哪個功能表選項，將參考影像檔插
　　入文件中？

　　（作答時，請單擊選擇以突出顯示作答區的正確選項。）

2.　您需要將 Fresh Tracks.psd 中的標誌新增到名片中，以便在標誌變更時
　　自動更新。

　　（作答時，請單擊選擇以突出顯示作答區中的正確選項。）

實作題

1. 使用內容感知方法移除背景游泳者。請勿變更文件尺寸。

2. 請修復影像左側的損壞區域。

3. 填滿影像上方的空白區域，使其與沙子的其餘部分相符。確保手部沒有扭曲。

4. 在影像非破壞性地新增層級為 160 的臨界值調整。產生的影像看起來應該像展示一樣（按一下 [展示] 索引標籤）。

展示圖

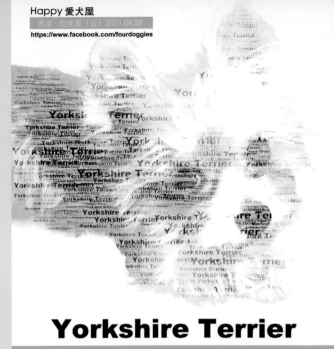

05 破解圖層與圖層樣式

5.1　圖層與建立群組

使用 Photoshop 可以選取一或多個圖層同時進行設計處理，但在某些功能操作中，一次只能處理一個圖層。單一的選取圖層就叫做作用中的圖層。作用中圖層的名稱會顯示在文件視窗的標題列中。

從「樣式」面板移動、對齊、變形或套用樣式時，可以同時選取及處理多個圖層。設計製作時，可以在「圖層」面板選擇圖層，或是使用「移動」工具選擇圖層。另外，連結的圖層與同時選取多個圖層不一樣，當在「圖層」面板中變更選取範圍時，連結圖層仍會保持連結。

一、在圖層板面中選取圖層

執行下列任一項作業：

⊙　在「**圖層」面板**點選「圖層」。

⊙　要選取多個連續的圖層，按一下「**圖層 → 按住 Shift 鍵 → 按下最後一個圖層**」。

⊙ 要選取多個不連續的圖層，一下「**圖層 → 按住 Ctrl 鍵**(Windows) 或 **Command 鍵** (Mac OS) **→ 按下想要的圖層**」。

TIPS 按住 Ctrl 鍵或 Command 鍵並按一下圖層縮圖時，會選取到該圖層的不透明區域。

⊙ 要選取所有圖層，在選單中點選「**選取 → 全部圖層**」。

⊙ 要選取相似類型的所有圖層，點選其中一個圖層「**選取 → 類似的圖層**」。

⊙ 要取消選取圖層，在「圖層上按 Ctrl+ 按一下 (Windows) 或按 Command + 按一下 (Mac OS)」。

⊙ 如果不要選取任何圖層，**按一下背景**或最下面的圖層下方的「**圖層**」面板，或是點選「**選取 → 取消選取圖層**」。

二、選取群組中的圖層

可以開啟群組，然後選取群組中的個別圖層。

1 選擇「**圖層 → 群組**」。

2 按下**檔案夾圖示左側的三角形**。

3 按一下**群組中的個別圖層**。

三、在文件視窗中選取圖層

也可以直接在文件視窗中選取一或多個圖層。

1 　點選「移動」工具。

2 　執行下列任一項作業：

◇ 在選項列中，點選「**自動選取 → 下拉式選單中選擇圖層**」，再按下文件中想要的圖層。包含游標下方像素的最上層圖層會處於選取狀態。

◇ 在選項列中，點選「**自動選取 → 下拉式選單中選擇群組**」按下文件中想要的內容。包含游標下方像素的最上層群組會處於選取狀態。如果按下某個尚未群組的圖層，那個群組會處於選取狀態。

◇ 在影像上按下「**滑鼠右鍵或按住 Control 鍵 (Mac OS) → 內容選單中 → 圖層**」。內容選單會列出目前指標位置下方包含像素的所有圖層。

四、群組圖層及解散群組

建立群組有助於整理專案，保持「**圖層**」面板井然有序。

連結圖層後可以在這些圖層之間建立關聯，即使這些圖層的排列順序不連續也不成問題。

1 　在「『**圖層**』**面板中 →多個圖層**」。

2 執行下列任一項作業：

⊙ 點選「圖層 → 群組圖層」。

⊙ 按住 **Alt 鍵** (Windows) 或 **Option 鍵** (Mac OS)，將**圖層拖移到「圖層」面板底部的檔案夾圖示，就可以群組圖層。**

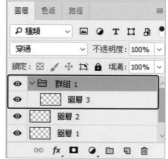

3 若要**解散圖層群組**，選取群組「**圖層 → 解散圖層群組**」。

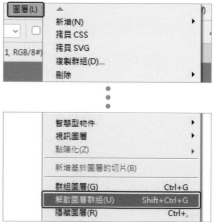

五、將圖層加入群組

執行下列任一項作業：

⟫ 在「『圖層』面板選擇群組 → 建立新圖層」。

⟫ 將圖層拖移到群組檔案夾。

⟫ 將群組檔案夾拖移到另一個群組檔案夾。

⊘ 將現有的群組拖移到「新增群組」按鈕。

六、連結圖層與解除圖層連結

可以連結兩個或兩個以上的圖層或群組。連結的圖層與同時選取的多個圖層不一樣，在解除連結之前，連結的圖層都會保留其關聯。可以移動或套用變形至連結的圖層。

1 在「『**圖層』面板** → 選取兩個或以上的圖層或群組」。

2 按下「**圖層**」面板底部的「**連結**」圖示。

3 執行下列任一項作業，解除連結圖層：

⊘ 點選「**連結的圖層 → 按下連結圖示**」。

⊘ 若要暫時停用連結的圖層，「**按住 Shift 鍵 → 連結圖層的『連結』圖示**」。
會出現紅色的 X。「**按住 Shift 鍵 → 按下連結按鈕**」可以重新啟用連結。

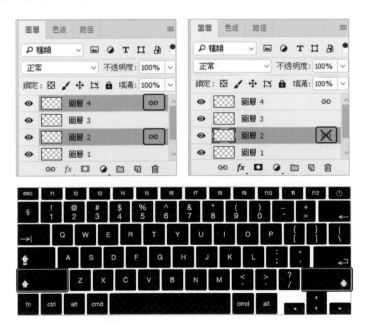

⊙ 要選取所有的連結圖層，請點選其中一個圖層，再點選「**圖層 → 選取連結的圖層**」。

七、顯示圖層邊緣與控點

顯示圖層中內容的邊界或邊緣，可協助移動及對齊內容。也可以顯示選取圖層及群組的變形控制點，以便調整尺寸或加以旋轉。

在選取的圖層中顯示內容邊緣

● 點選「**檢視 → 顯示 → 圖層邊緣**」。

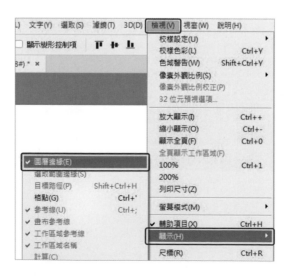

在選取的圖層中顯示變形控點

1 點選「**移動工具**」。

2 從選項列中,點選「**顯示變形控制項**」。

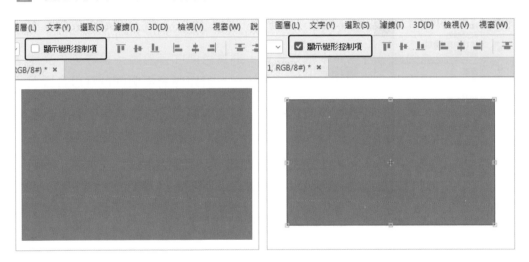

可以使用變形控制點調整圖層內容的尺寸,以及旋轉圖層內容。

5.2 混合模式

在選項列表中選擇混合模式,可以控制影像中像素受繪畫或編輯工具的影響程度。將混合模式的效果視覺化,可以使用下列色彩來參考。

基本色彩	影像中的原始顏色
混合色彩	使用繪畫或編輯工具所套用的顏色
結果色彩	混合後產生的顏色

- **實光**：根據混合色彩，增值或以濾色篩選顏色。如果**混合色彩 (光源) 比 50% 灰階亮，影像就會像以濾色篩選過一樣變亮**。這對於增加影像中的亮部很有幫助。如果**混合色彩比 50% 灰階暗，影像就會像增值過一樣變暗**。這對於增加影像中的陰影很有幫助。

- **強烈光源**：依照混合色彩，用增加或減少對比的方式，將顏色加深或加亮。如果混合色彩 (光源) 比 50% 灰階亮，減少對比會使影像變亮；如果混合色彩比 50% 灰階暗，增加對比會使影像變暗。

- **線性光源**：依照混合色彩，用增加或減少亮度的方式，將顏色加深或加亮。如果混合色彩 (光源) 比 50% 灰階亮，增加亮度會使影像變亮；如果混合色彩比 50% 灰階暗，減少亮度會使影像變暗。

- **小光源**：依照混合色彩取代顏色。如果混合色彩 (光源) 比 50% 灰階亮，比混合色彩暗的像素會被取代，比混合色彩亮的像素不會改變。如果混合色彩比 50% 灰階暗，比混合色彩亮的像素會被取代，比混合色彩暗的像素不會改變。這對於增加影像中的特殊效果很有用。

- **實色疊印混合**：將混合色彩的紅、綠和藍色色版值，加到基本色彩的 RGB 值中。如果某個色版加總的結果大於或等於 255，其值便為 255，如果小於 255，其值則為 0。所有的混合像素都會有紅、綠、藍的色版值，而數值不是 0 就是 255。如此會將所有像素都改變為主要加色 (紅色、綠色、藍色、白色、黑色)。

TIPS 至於 CMYK 影像，「實色疊印混合」會將所有像素都改變為主要減色 (青色、黃色、洋紅色、白色、黑色)。最大顏色值為 100。

- **差異化**：查看色版中的顏色資訊，根據基本色彩和混合色彩，兩者中亮度值較大的來決定從基本色彩中減去混合色彩，或從混合色彩中減去基本色彩。與白色混合會反轉基本色彩值，與黑色混合不會改變。

- **排除**：此效果與「差異化」模式類似，但對比效果較低。與白色混合會反轉基本色彩值，與黑色混合則不會有任何改變。

- **減去**：查看色版中的顏色資訊，從基本色彩中減去混合色彩。在 8 位元和 16 位元影像中，任何產生的負值都會修剪為零。

- **分割**：查看色版中的顏色資訊，並從基本色彩中分割混合色彩。

- **色相**：色彩都具有基本色彩的明度和飽和度，以及混合色彩的色相。

- **飽和度**：色彩都具有基本色彩的明度和色相，以及混合色彩的飽和度。在沒有飽和度 (飽和度為 0，即為灰色) 的區域中，以這個模式繪畫不會造成任何改變。

- **顏色**：色彩具有基本色彩的明度，以及混合色彩的色相和飽和度。這會保留影像中的灰階，因此可以用來為單色影像著色，以及調整彩色影像的深淺。

- **明度**：色彩具有基本色彩的色相和飽和度，以及混合色彩的明度。這個模式**建立「顏色」的負片效果。**

二、混合模式影像合成後的結果

以綠色的葉子做為背景上層疊上蜜蜂圖樣，選擇不同的混合模式，影像疊加後呈現的狀態。

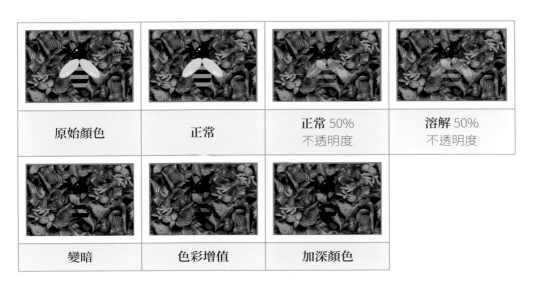

| 原始顏色 | 正常 | 正常 50% 不透明度 | 溶解 50% 不透明度 |
| 變暗 | 色彩增值 | 加深顏色 | |

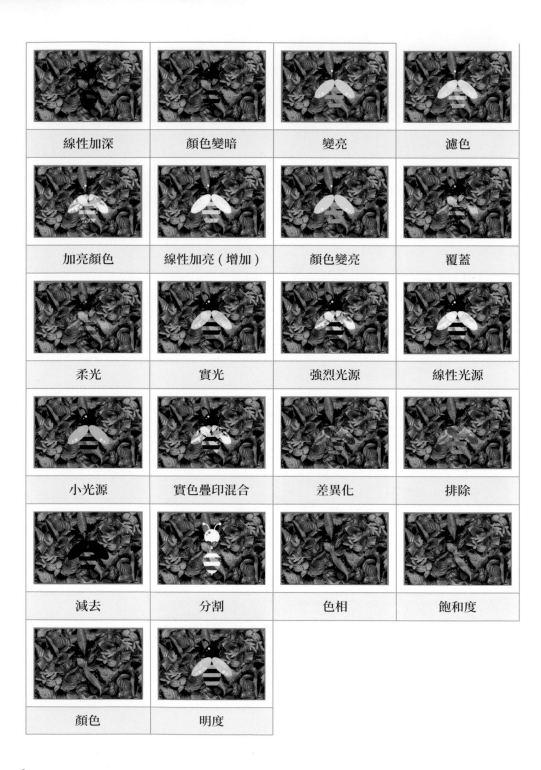

線性加深	顏色變暗	變亮	濾色
加亮顏色	線性加亮（增加）	顏色變亮	覆蓋
柔光	實光	強烈光源	線性光源
小光源	實色疊印混合	差異化	排除
減去	分割	色相	飽和度
顏色	明度		

5.3 圖層效果和樣式

Photoshop 提供各式各樣可更改圖層內容外觀的效果。圖層效果會連結到圖層內容。當移動或編輯圖層內容，效果會套用到修改後的內容。圖層樣式是指套用至圖層或圖層群組的一個或多個效果。可以套用 Photoshop 所提供的其中一個預設樣式，或者也可以使用「圖層樣式」對話框建立自訂樣式。「圖層效果」顯示在「圖層」面板中圖層名稱的右邊。可以在「圖層」面板中展開樣式，以檢視或編輯樣式的效果。

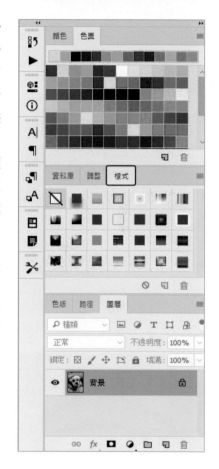

一個圖層樣式中可套用多種效果，效果設定後可以進行圖層樣式儲存，以方便套用其他圖層或其他文件中的圖層，儲存自訂樣式時，它會變成預設樣式。預設樣式會顯示在「樣式」面板中，按下就可套用至圖層或群組。

一、套用預設樣式

可以套用「樣式」面板中的預設樣式。Photoshop 所附的圖層樣式已依照功能分成不同的程式庫。一個樣式庫用來建立網頁按鈕的樣式；另一個樣式庫則增加文字效果的樣式。若要存取這些樣式就必須從選項中載入適當的樣式庫。

TIPS 無法將圖層樣式套用到背景、鎖定的圖層或群組。

◯ 點選「**視窗 → 樣式**」，顯示樣式面板。

二、在圖層中套用預設樣式

一般而言，套用預設樣式會取代目前的圖層樣式；
但可以在目前樣式中增加另一種樣式。

執行下列任一項作業：

◯ 按下「**樣式 → 套用到目前選取的圖層中**」。

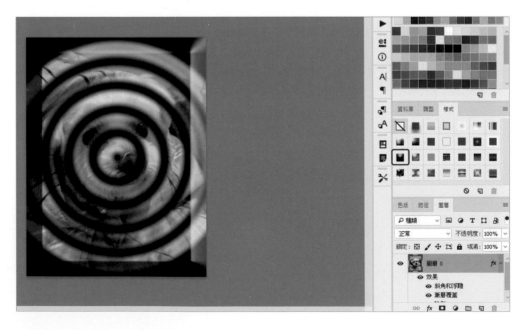

⊙ 將「樣式 → 拖移到文件視窗中 → 移到要套用的圖層」。

⊙ 將「樣式 → 拖移到『圖層』面板中的圖層上」。

TIPS 按住 Shift 鍵，同時按一下或拖移樣式，可將樣式加入目標圖層上的任何現有效果。

四、更改預設樣式視窗面板的顯示方式

1 在「樣式」彈出式面板，按下三角形。

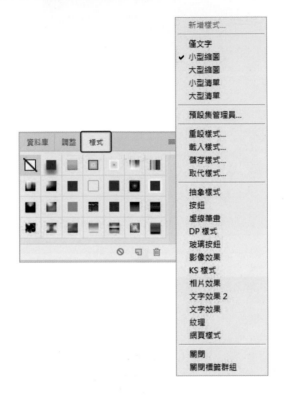

2 從面板選單中選擇顯示選項：

僅文字	清單形式檢視圖層樣式
小型縮圖、大型縮圖	縮圖形式檢視圖層樣式
小型清單、大型清單	清單形式檢視圖層樣式，並顯示選取圖層樣式的縮圖

五、圖層樣式對話框概觀

可以編輯套用至圖層的樣式，或是使用「**圖層樣式**」對話框建立新的樣式。

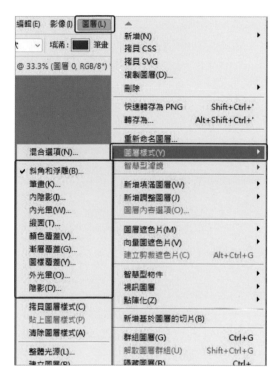

陰影	增加落在圖層內容後面的陰影
內陰影	增加落在圖層內容邊緣內的陰影，使圖層產生凹陷的外觀
外光暈和內光暈	增加從圖層內容內外邊緣散發出的光暈
斜角和浮雕	在圖層上增加不同的亮部與陰影組合，產生立體的外觀
緞面	套用內部陰影，以建立完美的緞面
顏色、漸層和圖樣覆蓋	以顏色、漸層或圖樣填滿圖層的內容
筆畫	可設定顏色、漸層、圖樣三種形式，在目前的圖層上繪出物件的外框(具有硬邊緣的形狀特別有用，例如文字)

六、套用或編輯自訂圖層樣式

不能將圖層樣式套用到背景圖層、鎖定的圖層或群組。若要將圖層樣式套用到背景圖層，首先要將它轉換為一般圖層。

1 在「**圖層**」**面板**中選取單一圖層。

2 執行下列任一項作業：

⊙ 按兩下圖層，在圖層名稱與縮圖外面的地方點一下。

⊙ 按下「『**圖層**』**面板** → **增加圖層樣式** → 選擇效果」。

從「**圖層 → 圖層樣式 →** 選擇 一種效果」。

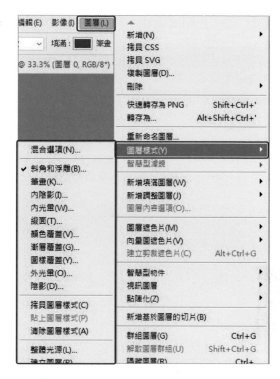

若要編輯現有樣式，在「**圖層」面板**中，按兩下顯示在圖層名稱下方的效 果。按下增加圖層樣式圖示旁的三角形 f_X，可顯示樣式中包含的效果。

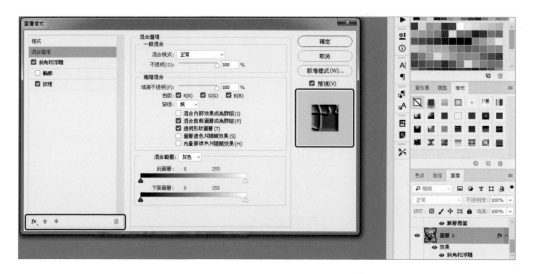

3 設定「**圖層樣式**」對話框中的效果選項。

4 在樣式中加入其他效果。在「**圖層樣式**」對
話框中，按下效果名稱左側的勾取方塊加入
效果。

TIPS
可以編輯多個效果而不必關閉「圖層樣式」對話框。按一下對話框左邊的
效果名稱，來顯示選項。

七、將樣式預設值設定為自訂值

1 在「**圖層樣式**」對話框中，自訂所要的設定。

2 按下「**設定為預設值**」。

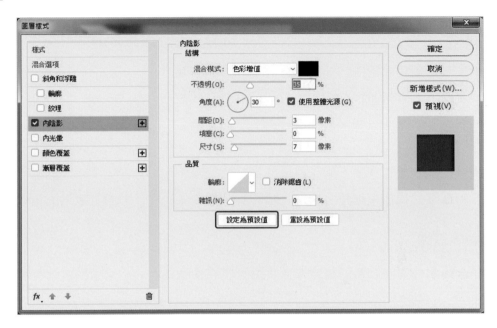

當下次開啟對話框，就會自動套用自訂預設值。如果調整設定後想回復自訂預設值，按下「**重設為預設值**」。

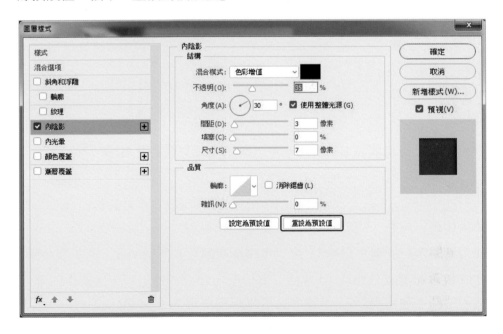

八、圖層樣式選項

高度

如果是「斜角和浮雕」效果,會設定光源的高度。

設定值 0 相當於地面的高度,90 則是在圖層的正上方。

角度

決定效果套用在圖層上的光源角度。

可以在文件視窗中拖移,調整「陰影」、「內光暈」或「緞面」效果的角度。

消除鋸齒

混合輪廓或光澤輪廓的邊緣像素。對於具有複雜輪廓的小型陰影最為有用。

混合模式

決定圖層樣式如何與下面的圖層混合,一般來說,每種效果的預設模式都會產生最佳的結果。

填塞

決定效果實心的程度。

顏色

指定陰影、光暈或亮部的色彩。可以按下顏色方框,並選擇顏色。

輪廓

使用純色光暈時,「輪廓」可以建立透明表現。

使用漸層填色光暈,「輪廓」可以重複漸層顏色和不透明度,產生濃淡變化。

建立斜角和浮雕效果時,「輪廓」可以刻出建立浮雕過程中所產生的脊形、山谷和凹凸。使用陰影時,「輪廓」可以指定淡化。

間距

指定陰影或緞面效果的畫面錯位距離。可以在文件視窗中拖移，以調整畫面錯位距離。

深度

指定斜角的深度。它也可以指定圖樣的深度。

使用整體光源

此功能是可以設定一個「主要」光源角度，然後就可以在所有使用陰影的圖層效果中使用這個光源角度。

如果已經選取「使用整體光源」並設定光源角度，角度就會使用整體光源角度的設定值。

任何已經選取「使用整體光源」的其他效果都會自動繼承相同的角度設定。

如果取消選取「使用整體光源」，設定的光源角度就是「局部」設定，只會套用至該效果。也可以經由點選「圖層樣式 → 整體光源」來設定整體光源角度。

光澤輪廓

建立金屬光澤的外觀。「光澤輪廓」可在建立斜角或浮雕陰影後套用。

漸層

按下「**漸層 → 漸層編輯器**」，在漸層色彩滑桿上按一下。可以使用「漸層編輯器」編輯漸層，或建立新的漸層。設定方式與在「漸層編輯器」中編輯相同，在「漸層覆蓋」面板中編輯顏色和不透明度。也可以在影像視窗中按一下並拖移，移動漸層的中心。

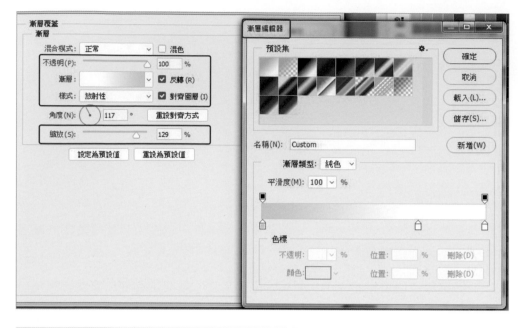

反轉	可以翻轉漸層的方向
對齊圖層	使用圖層的邊界方框計算漸層填色
縮放	可以縮放漸層的應用範圍
樣式	指定漸層的表現形態

亮部或陰影模式

指定斜角或浮雕亮部或陰影的混合模式。

快速變換

改變漸層顏色和不透明度的應用方式。

圖層穿透陰影

控制半透明圖層中的陰影可見度。

雜訊

指定光暈或陰影的不透明度中,隨機成份的數目。(要輸入值或拖移滑桿)。

不透明

設定圖層效果的不透明度。(要輸入值或拖移滑桿)。

圖樣

按下「**彈出的面板 → 選擇圖樣 → 新增預設**」,以目前設定建立新的預設圖樣。

按下「靠齊原點」,讓圖樣的原點與文件的原點一致 (在已經選取「連結圖層」時),或是將原點放在圖層的左上角 (如果取消選取「連結圖層」的話)。

如果想在圖層移動時,讓圖樣與圖層一起移動,點選「連結圖層」。拖移「縮放」滑桿或輸入值可以指定圖樣的大小。拖移圖樣,將它放在圖層中;使用「靠齊原點」按鈕則可重設位置。如果沒有載入圖樣,便無法使用「圖樣」選項。

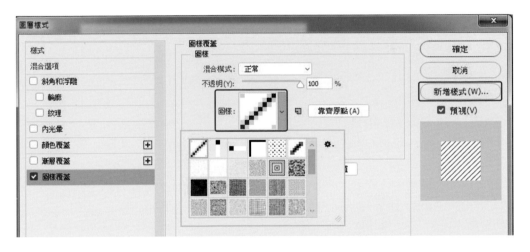

位置

指定「外部」、「內部」、「居中」等筆畫效果的位置。

範圍

控制為輪廓設定的光暈部分或範圍。

大小

指定模糊的半徑和大小，或陰影的大小。

柔化

模糊陰影結果，減少不自然的感覺。

來源

「居中」可以套用從圖層內容中央散發的光暈。

「邊緣」可以套用從圖層內容內側邊緣散發的光暈。

展開

套用模糊前先擴大邊界。

樣式

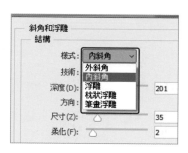

內斜角	圖層內容的內邊緣建立斜角
外斜角	圖層內容的外邊緣建立斜角
浮雕	以下方圖層為背景建立圖層內容的浮雕效果
枕狀浮雕	下方圖層中建立圖層內容邊緣的蓋印效果
筆畫浮雕	限定只在圖層所套用的筆畫效果邊界建立浮雕 如果圖層沒有套用筆畫，就不會顯示「筆畫浮雕」效果

技術

斜角和浮雕效果可以使用「平滑」、「雕鑿硬邊」及「雕鑿柔邊」;「較柔」與「精確」適用於「內光暈」和「外光暈」效果。

平滑

使邊緣略顯模糊,適用於所有類型的邊,不論是硬邊或柔邊。但是大尺寸時,它無法保留細部特性。

雕鑿硬邊

使用距離測量技巧,對於消除鋸齒形狀的硬邊特別有用。它比「平滑」技巧更能保留細微的特性。

雕鑿柔邊

使用修改過的距離測量技巧,雖然不像「雕鑿硬邊」那麼精確,但更適用於較大範圍的邊。它比「平滑」技巧更能保留特性。

較柔

會套用模糊,適用於所有類型的邊,不論是硬邊或柔邊。但是用於大尺寸時,「較柔」便無法保留細部特性。

精確

會使用距離測量技巧建立光暈,對於消除鋸齒形狀的硬邊特別有用。它比「較柔」技巧更能保留特性。

紋理

使用「縮放」調整紋理的大小。如果想在圖層移動時,讓紋理與圖層一起移動,選取**連結圖層**。

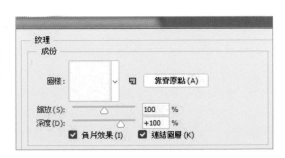

負片效果	使紋理反轉
深度	改變套用紋理的角度和方向（上／下）
靠齊原點	讓圖樣的原點與文件的原點一致（如果取消選取「連結圖層」的話）
原點放在圖層的左上角	如果已經選取「連結圖層」的話

九、使用輪廓修改圖層效果

建立自訂圖層樣式時，可以使用輪廓，在指定範圍內控制「陰影」、「內陰影」、「內光暈」、「外光暈」、「斜角和浮雕」以及「緞面」等效果。例如，「陰影」上的「線性」輪廓會降低線性轉變時的不透明度。使用「自訂」輪廓建立獨特的陰影轉變。

可以在「輪廓」彈出式面板和「預設集管理員」中，選取、重設、刪除或更改輪廓的預視。

建立自定輪廓

1️⃣ 在「圖層樣式」→「斜角和浮雕」、「內陰影」、「內光暈」、「緞面」、「外光暈」、「陰影」、「輪廓」效果中進行設定。

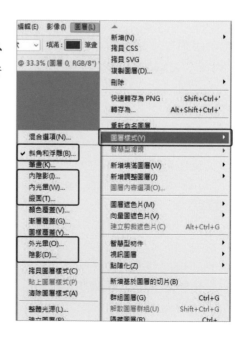

2　按下「**圖層樣式**」對話框中的輪廓縮圖。

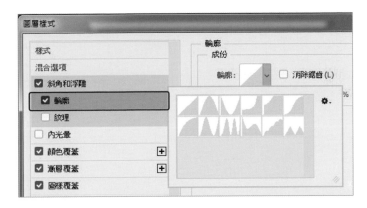

3　按下「**輪廓增加點 → 拖移方式調整輪廓**」。或輸入「**輸入**」和「**輸出**」的值。

4　若要建立尖銳轉折，而非平滑轉折，選取一點並按下「**轉折角**」。

5　若要將輪廓儲存到檔案中，按下「**儲存**」，並為輪廓命名。

6　若要將輪廓儲存為預設集，選擇「**新增**」。

7　按一下「**確定**」。新的輪廓就會增加到彈出式面板的底部。

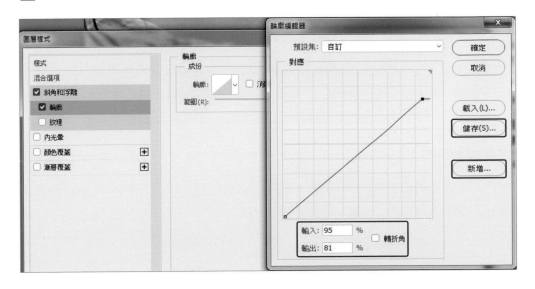

載入輪廓

請按一下「**圖層樣式 → 輪廓**」，並在「**輪廓編輯器 → 載入**」。移到包含要載入的輪廓程式庫的檔案夾，然後按一下「**開啟**」。

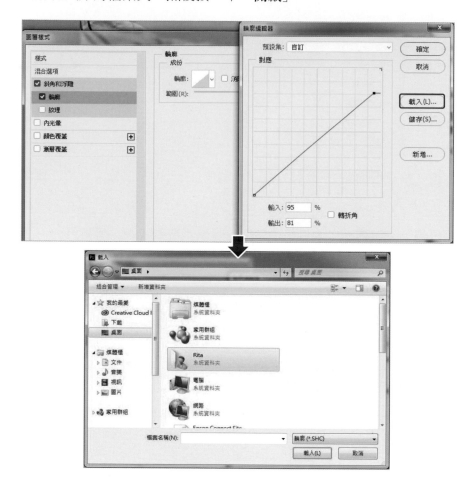

刪除輪廓

按下目前選取輪廓旁的反轉箭頭，檢視彈出式面板。按 Alt 鍵 (Windows) 或 Option 鍵 (Mac OS)，並按下要刪除的輪廓。

十、為全部圖層設定整體光源角度

開啟整體光源可以讓照射在影像上的光源看起來是同一個光源。

執行下列任一項作業：

⊙ 在「陰影」、「內陰影」、「斜角」的「圖層
樣式」對話框中 → 使用整體光源 →角度
→ 輸入數值或拖移半徑 → 確定」。

整體光源會套用至使用整體光源角度的每
一個圖層效果。

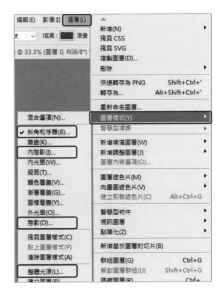

⊙ 點選「**圖層 → 圖層樣式 → 整體光源 → 輸入數值或拖移角度半徑 → 設
定角度和高度 → 確定**」。

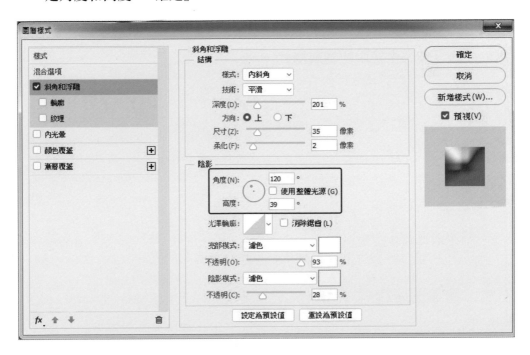

十一、顯示或隱藏圖層樣式

當圖層擁有樣式時,「圖層」面板的圖層名稱右側便會出現「fx」圖示。

隱藏或顯示影像中的全部圖層樣式

點選「圖層 → 圖層樣式 → 隱藏 / 顯示全部效果」。

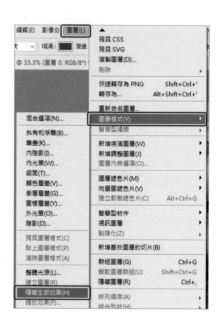

擴張或收合圖層面板中的圖層樣式

執行下列任一項作業:

- ⊙ 按下「增加圖層樣式」圖示旁的三角形,可展開套用至該圖層的圖層效果清單。

- ⊙ 按一下三角形 ▼,收合圖層效果。

- ⊙ 若要擴張或收合群組內所套用的全部圖層樣式,請按住 Alt 鍵 (Windows) 或 Option 鍵 (Mac OS) 並按下群組旁的三角形或反轉三角形,這樣套用到群組內所有圖層上的圖層樣式就會相對地展開或收合。

十二、拷貝圖層樣式

若要將相同的效果套用到多個圖層中,拷貝及貼上樣式是非常簡單的方式。

在圖層之間拷貝圖層樣式

1 從「圖層 → 要拷貝的樣式的圖層」。

2 點選「圖層 → 圖層樣式 → 拷貝圖層樣式」。

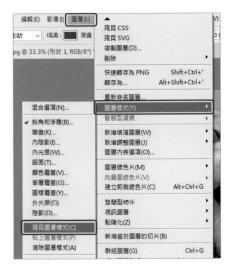

3 選取目標圖層，然後點選「圖層 → 圖層樣式 → 貼上圖層樣式」。

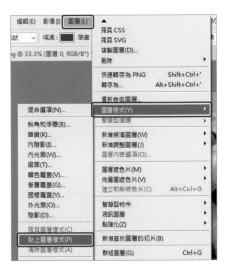

貼上的圖層樣式會取代目標圖層上現有的圖層樣式。

以拖移方式在圖層之間拷貝圖層樣式

執行下列任一項作業：

⊘ 在「**圖層**」面板中，**按住 Alt 鍵** (Windows) 或 **Option 鍵** (Mac OS)，將單一圖層效果從一個圖層拖到另一個圖層，複製圖層效果或將「**效果**」列從一個圖層拖移到另一個圖層來複製圖層樣式。

⊘ 一個或多個圖層效果，從「**圖層**」面板拖移到影像中，就能將產生的圖層樣式套用到「**圖層**」**面板**中的最高圖層。

十三、縮放圖層效果

圖層樣式已變成指定尺寸的目標解析度和特性。使用「**縮放效果**」可以縮放圖層樣式中的效果，而不會縮放套用圖層樣式的物件。

1 在「**圖層**」**面板**中選取圖層。

2 點選「**圖層 → 圖層樣式 → 縮放效果**」。

3 輸入**百分比**或**拖移滑桿**。

4 點選「**預視**」，預視影像中的更改。

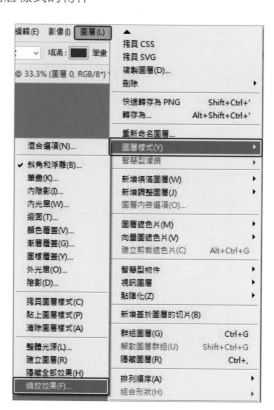

十四、移除圖層效果

可以從套用至圖層的樣式中移除個別效果，或是從圖層移除整個樣式。

從樣式中移除效果

在「**圖層**」**面板**中，展開圖層樣式，以查看其效果。不需要的就將效果拖移到視窗面版右下角的「**刪除**」圖示。

從圖層中移除樣式

1. 在「**圖層**」**面板**中，選取包含要移除之樣式的圖層。

2. 執行下列任一項作業：

> 在「**圖層**」**面板**中，將「**效果**」拖移到「**刪除**」。

> 點選「**圖層 → 圖層樣式 → 清除圖層樣式**」。

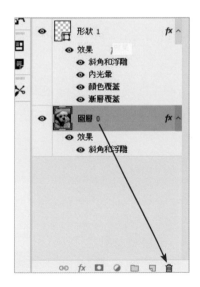

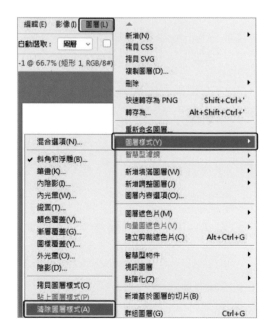

⊙ 點選「**樣式面板 → 清除樣式**」。

TIPS 暫時取消圖層樣式的顯示，只要關閉眼睛的顯示、或是取消勾選即可。

十五、將圖層樣式轉換為影像圖層

要自訂或調整圖層樣式的外觀，可以將圖層樣式轉換為一般的影像圖層。將圖層樣式轉換為影像圖層之後，可以用繪畫或套用和濾鏡的方式增強產生的結果。但這將無法再編輯原始圖層上的圖層樣式，當更改原始的影像圖層時，圖層樣式也不會隨著更新了。

TIPS 這個程序所產生的圖層與使用圖層樣式所產生的圖案不相同。在建立新圖層時會看到一個警告訊息。

1 在「**圖層**」面板中，選取包含要轉換圖層樣式的圖層。

2 點選「**圖層 → 圖層樣式 → 建立圖層**」。

可以照一般圖層的方式，修改及重新堆疊新的圖層。有些效果會轉換成剪裁遮色片中的圖層。

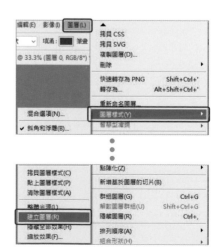

十六、建立及管理預設樣式

可以建立自訂樣式，並將它儲存為預設樣式，然後就可以從「樣式」面板取用此樣式。可以將預設樣式儲存在樣式庫中，並在需要的時候從「樣式」面板載入或移除這些樣式。

建立新的預設樣式

1 在「**圖層**」**面板**中，選取想要儲存為預設集樣式的圖層。

2 執行下列任一項作業：

⊙ 按下「**樣式**」**面板**的空白區域。

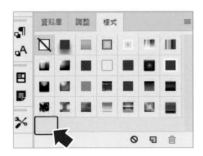

⊙ 在「**樣式 → 建立新增樣式**」。

⊙ 從「**樣式 → 新增樣式**」。

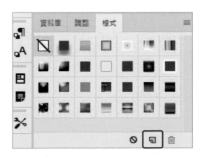

⊘ 點選「**圖層 → 圖層樣式 → 混合選項 → 然後在圖層樣式 → 新增樣式**」。

3 輸入預設樣式的名稱、設定樣式選項，按下「**確定**」。

重新命名預設樣式

執行下列任一項作業：

⊘ 在「**樣式**」**面板**中，按兩下樣式。如果「**樣式**」**面板**設定將樣式顯示為縮圖，在對話框中輸入新的名稱，再按下「**確定**」；或者直接在「**樣式**」**面板**中輸入新的名稱，然後按 **Enter 鍵** (Windows) 或 **Return 鍵** (Mac OS)。

⊘ 在「**圖層樣式對話框的樣式 → 樣式 → 重新命名樣式 → 輸入新的名稱 → 確定**」。

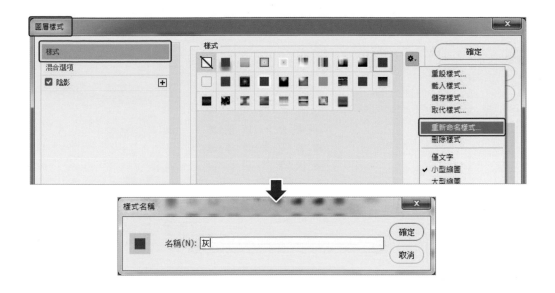

刪除預設樣式

執行下列任一項作業：

⟫ 樣式拖移到「**樣式**」面板底部的「**刪除**」圖示。

⟫ 按住 **Alt 鍵** (Windows) 或 **Option 鍵** (Mac OS) 按下「**樣式 → 圖層樣式**」。

⟫ 在「**圖層樣式 → 樣式區域中 → 選擇樣式 → 刪除樣式**」。

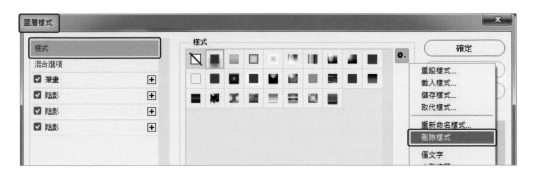

將一組預設樣式儲存為樣式庫

1 執行下列任一項作業：

⊘ 從「**樣式 → 儲存樣式**」。

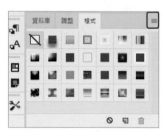

⊘ 在「**圖層樣式 → 樣式 → 儲存樣式**」。

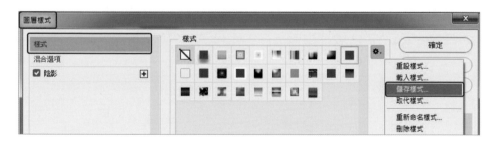

2 選擇樣式程式庫的儲存位置、輸入檔案名稱，按下「**儲存**」。

可以將程式庫儲存在任何位置，如果將程式庫檔案放在預設集位置內的「**預設集 / 樣式**」檔案夾中，當重新啟動應用程式後，程式庫的名稱會顯示在「**樣式**」面板選單的底部。

TIPS 也可以使用「預設集管理員」重新命名、刪除及儲存預設樣式的程式庫。

載入預設樣式的樣式庫

1️⃣ 在「**樣式**」面板、「**圖層樣式**」對話框或「**圖層樣式**」彈出式面板中，按下三角形。

2️⃣ 執行下列任一項作業：

◇ 點選「**載入樣式**」，將樣式庫**加入**目前的清單中。選取想要使用的程式庫檔案，按下「**載入**」。

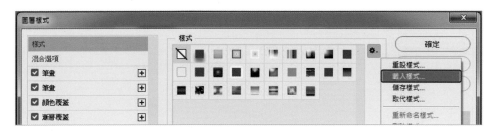

◇ 點選「**取代樣式**」，用不同的程式庫取代目前的清單。選取想要使用的程式庫檔案，按一下「**載入**」。

◇ 選擇程式庫檔案。按下「**確定**」取代目前的清單，或按下「**加入**」加入目前的清單。

3️⃣ 若要回復成預設樣式的樣式庫，選擇「**重設樣式**」。就能取代目前的清單，或是將預設樣式庫加到目前的清單。

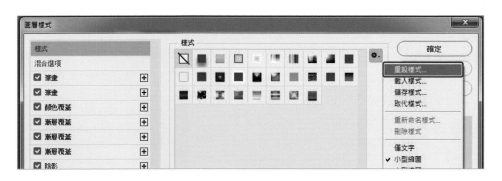

TIPS
也可以使用「預設集管理員」載入及重設樣式庫。

綜合應用範例

5.4　圖層模式、色彩調整、遮色片與創意筆刷應用海報設計

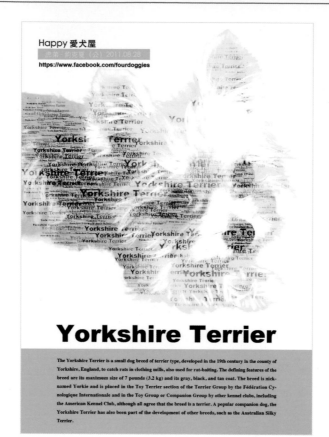

使用功能
筆刷工具、影像調整、調整圖層、漸層對應、圖層模式、路徑編輯與調整邊緣、色版與遮色片、填滿圖層、文字工具。

範例素材
Photoshop ＞ part5- 實務範例

素材來源：Happy 愛犬屋 https://www.facebook.com/fourdoggies

完成檔案
Photoshop ＞ part5- 實務範例＞ part5- 實務範例 ok

範例實作

1 不同文件之圖層複製

① 執行「**檔案＞開新檔案**」，新增 A4 規格檔案。

② 執行「**檔案＞開啟舊檔＞ part5- 實務範例＞ part5-實務範例 .jpg**」。

③ 執行「**圖層＞複製圖層**」，將背景圖層複製到 A4 檔案中。

CONCEPT　　　影像檔案與向量檔案在 Photoshop 中編輯時，由於影像檔案有解析度的考量，因此影像檔案在不同文件中進行編輯時，要以複製影像的方式進行，複製影像的方式：

❶　「圖層＞複製圖層」，選擇對應目的地的文件。

❷　在要複製影像的文件中「選取＞全部」，「編輯＞拷貝」，再切換到預定編輯的目的地文件，執行「編輯＞貼上」。

如果要編輯的文件為向量格式，則在目的地文件執行「檔案＞置入」，再設定圖形顯示的範圍大小。

④　切換回 A4 文件後，使用移動工具，將圖片往上方移動進行構圖。

2　建立路徑與去背

①　運用鋼筆路徑繪製技巧，在影像邊緣進行描繪編輯，並儲存去背路徑。

② 在路徑視窗中，執行「**製作選取範圍**」。

③ 執行「**選取＞調整邊緣**」。設定邊緣的選取方式以及調整選取的結果，新增有遮色片的圖層。

3 影像調整

① 切換圖層顯示狀態，並選取「**遮色片圖層**」。

② 執行「影像＞調整＞黑白」。

③ 執行「**圖層＞新增調整圖層＞漸層對應**」，設定漸層色彩。

點擊漸層，開啟漸層編輯器

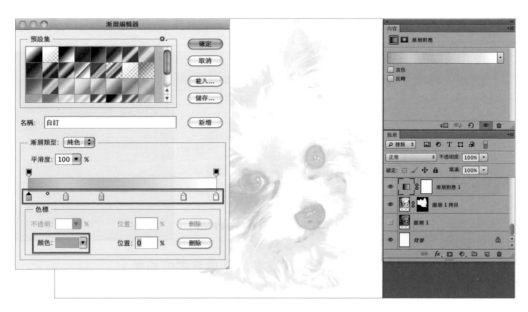

TIPS　　漸層對應功能，可使用預設漸層，或進入漸層編輯器，編輯漸層顏色。在漸層編輯器中，色標與色標之間的位置按下滑鼠，將可新增編輯的色標，製作更多色彩組合的漸層，要取消多餘的色標，只需要用滑鼠點色標，往畫面外拖曳即可刪除。

點擊漸層，開啟漸層編輯器

開啟預設漸層集

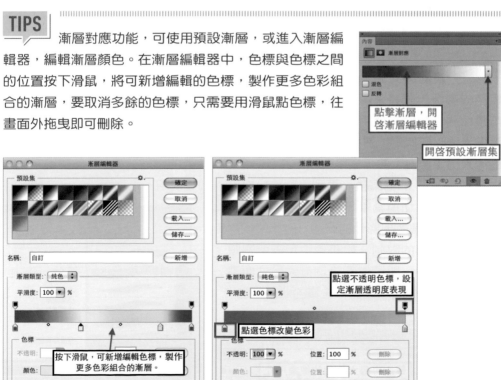

按下滑鼠，可新增編輯色標，製作更多色彩組合的漸層。

點選不透明色標，設定漸層透明度表現

點選色標改變色彩

⑥ 將影像切換回 **RGB 模式**。

⑦ 執行「**選取＞載入選取範圍**」，將色版 Alpha1 的灰階影像載入選取狀態。

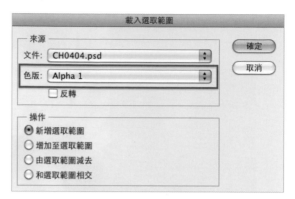

TIPS

在 Photoshop 中，圖層、色版、路徑為主要三大功能，所有影像都是由三原色組成，因此每張照片都會有 RGB 三原色的色版，傳統相片沖印時是由底片在暗房中曝光到相紙上，所以紅、綠、藍色版單獨開啟時並不是紅、綠、藍色，而是以黑、白、灰階的方式表現色彩在此色版上呈現的區塊，白色代表光線完全透過，黑色則是完全阻斷，灰色則依深淺代表此色彩的深淺，如紅蘋果的照片，紅色的色版，在表現蘋果的位置，幾乎趨近於白色，藍、綠色的色版則依當時光線的構成，以深灰甚至黑色呈現，此一觀念，亦應用至 Photoshop 在遮色片的製作表現。

⑧ 開啟其他圖層顯示，並在圖層 2 執行「**圖層＞圖層遮色片＞顯現選取範圍**」。

6 使用圖層模式增加對比

① 設定圖層透明度，複製圖層 2，並設定為「**覆蓋**」模式。

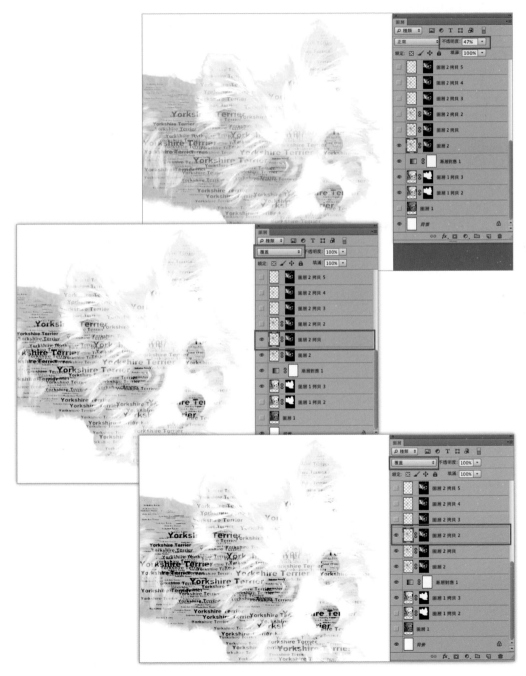

② 重複新增圖層、筆刷與色版產生遮色片功能，加強繪製影像的細部。

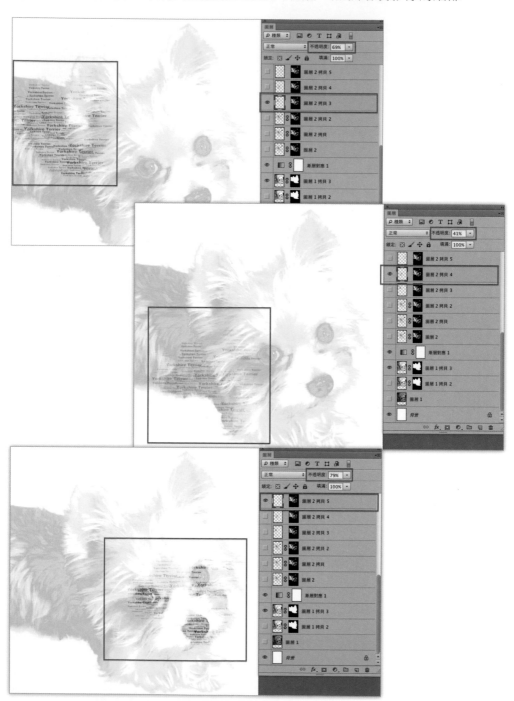

③ 完成影像如圖。

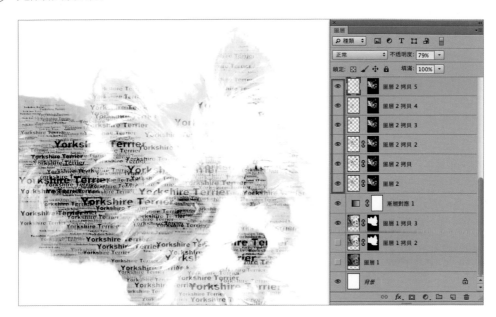

TIPS
完成影像的細緻度可依個人設計風格進行調整。

7 新增純色圖層及文字圖層

① 使用「**選取工具**」，選取海報下方。

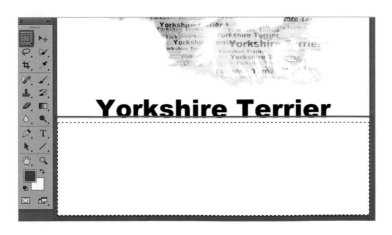

② 執行「圖層＞新增填滿圖層
　＞純色」，設定海報下方底
　色。

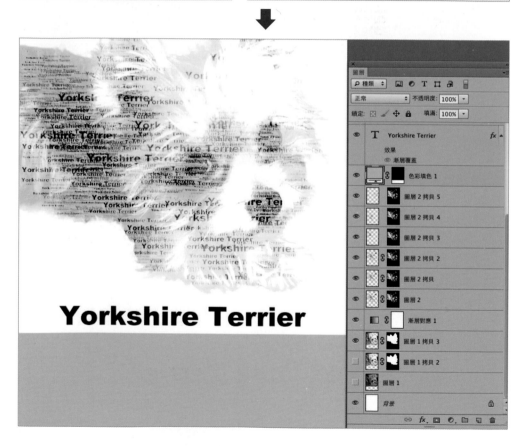

③ 使用文字工具，拖曳出預定輸入文字的範圍，複製範例文件檔案中的文字，貼入文字範圍中。

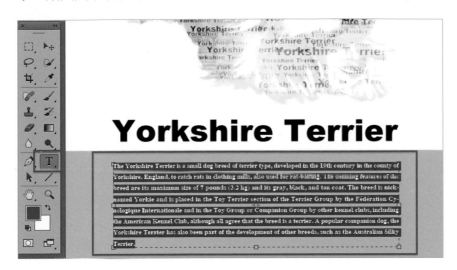

TIPS　標題字輸入時，以文字工具點選一下畫面即可。若輸入為段落文字，可拖曳出範圍，此時文字會在範圍內顯現，若要修改範圍，使用文字工具調整外部選項框即可。若要修改文字，則以文字工具，框選要修正的文字，則可針對文字進行調整。

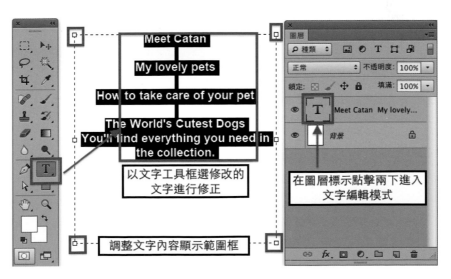

④ 開啟「**視窗＞字元**」、「**視窗＞段落**」，進行文字設定，進行整段文字設定。

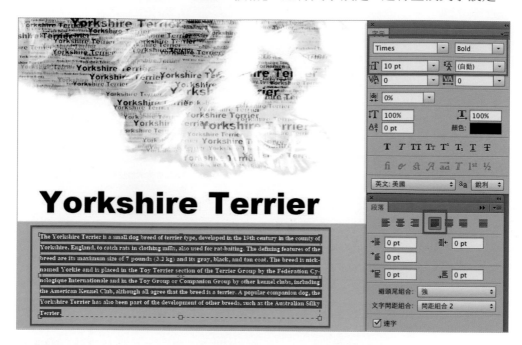

TIPS

修改文字並可切換回「移動工具」，開啟「視窗＞字元」、「視窗＞段落」，進行文字與段落設定，即可完整進行整段文字內容設定。

⑤ 重複使用**文字工具**，輸入並設定標題文字。

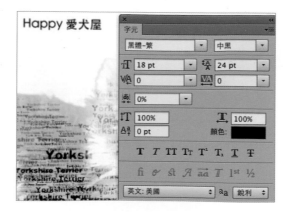

⑥ 重複步驟 1 ～ 2，建立上方標題色塊。

Happy 愛犬屋

TIPS 若標題底色範圍需要調整，可選取色彩填色圖層右方的遮色片，進行編輯。若編輯時，要開啟遮色片的顯示狀態，可至色版視窗進行設定。可運用影像編輯複製、選取、移動、筆刷…編輯功能，改變遮色片影響範圍。

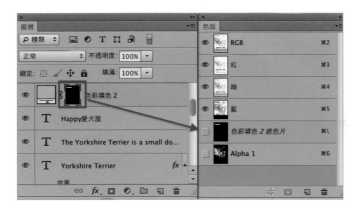

⑦ 使用文字工具，完成標題設計。

Happy 愛犬屋

虎弟 - 約克夏（公）2011.08.28

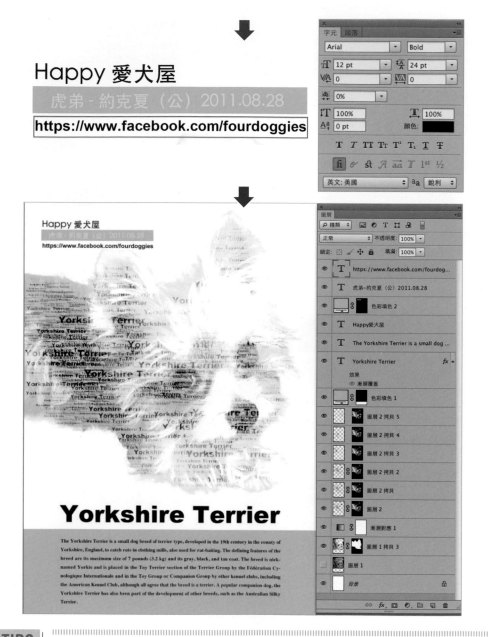

文字字型可依據電腦中有的字型進行設定。

⑧ 執行「檔案＞另存新檔＞ part5- 實務範例 ok.psd」，保留製作內容。

5.5 認證模擬試題練習

觀念題

1. 哪兩個描述了調整不透明度和調整填滿不透明度之間的區別。
   (請選擇二個答案)

   ☐ (A) 填滿不透明度決定混合模式的階級。

   ☐ (B) 填滿不透明度不會影響圖層效果 (如陰影) 的不透明度。

   ☐ (C) 不透明度決定圖層隱藏或顯示其下方圖層的程度

   ☐ (D) 不透明度不會影響圖層效果 (如陰影) 的不透明度。

實作題

1. 隱藏畫布上除文字圖層外的所有圖層。不要變更任何圖層的透明度。

2. 將剩餘的未分組圖層組合到名為 Dog 的群組中，該群組位於堆疊順序中的背景群組正上方。

3. 選取紅色物件。複製並將其貼上到新圖層。

4. 從名為沙龍的圖層拷貝圖層樣式，並將它們套用於名為美髮的圖層。

5. 將柔光混合模式套用於混合圖層。將其不透明度調整為 75%。

6. 建立名為 Background 的群組，群組中包含圖層背景 #1 和背景 #2。 建立名為 Girl and her boy 的群組，群組中包含圖層女孩和男孩。不要變更影像原來顯示的樣貌。

7. 選取混合圖層並套用強烈光源混合模式，不透明度為 50%

MEMO

06 段落與文字設定、快速遮色片應用

6.1 行距

一、設定行距

文字行與行之間的垂直間距**稱為：行距**。在相同的段落中，可套用一種以上的行距；但一行文字中的最大行距值將決定該行的行距值。

TIPS 　處理水平的文字時可指定測量行距的方式：從一行的最上方測量到下一行的最上方。

1 點選想要更改的字元。如果沒有選取任何文字，行距會套用到建立的新行。

2 在「『字元』面板中→設定『行距』值」。

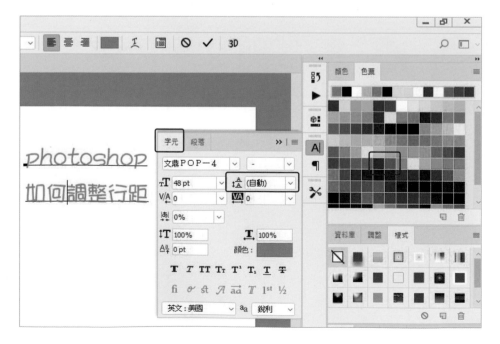

二、更改預設的自動行距百分比

1 從「『**段落**』**面板**中→**選擇**『**齊行**』」。

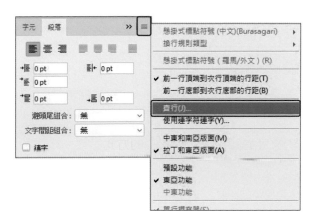

2 「**自動行距**」中選擇新的預設百分比。

6.2 字距微調和字距調整

字距微調是指**特定字元之間增加或減去**間距的程序。

字距調整是指**增加或減少**所選文字或整個文字區塊中文字的緊密度。

可使用**公制字距微調**或**視覺特殊字距微調**來自動微調文字字距。**公制字距微調**
= **自動字距微調**，會使用大多數字體中都有的特殊字距配對組。特殊字距配對
組中包含特定字母配對間距的相關資訊。公制字距微調是預設選項，方便讀入
或輸入文字時，會自動調整這些特定配對組的特殊字距。

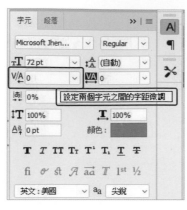

字距微調　　　　　　　　　　　字距調整

有些字體包含完整的特殊字距。但若字體中只包含最少的內建特殊字距，甚至完全沒有包含特殊字距；或是在一行中的一或多個字裡使用兩種不同的字體或大小，則可能需使用「**視覺特殊字距**」選項此選項可依據字元的形狀，調整字元之間的間距。

也可以使用「**手動字距微調**」，這功能能適合用來調整兩個字之間的間距。 **字距調整**和**手動字距微調**可先個別調整，然後再將文字區塊加寬或縮緊，而不影響文字配對的相關特殊字距。

當在兩個字母之間按一下以置入插入時或選取一個單字、某文字範圍，字距微調值就會出現在「**字元**」面板中。

特殊字距和字距調整的度量單位都是 1/1000 em，這是一種與目前的字體大小相關的度量單位。特殊字距和字距調整會與目前的字體大小成比例。

一、調整字距微調

執行下列任一項作業：

⊙ 若要**選取的字元**使用**內建字距微調資訊**，選擇「字元→字距微調→公制」。

⊙ 若要**字元的形狀自動調整字元間的間距**，選擇「字元→字距微調→視覺」。

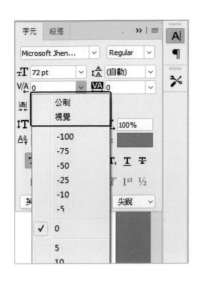

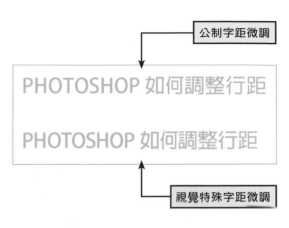

⊙ 若要手動調整特殊字距,將插入點置入兩個字元之間,
然後選擇「**字元→字距微調→設定需要的值**」。

(**注意**:已選取某範圍的文字,不可手動調整文字的
字距,要改用字距調整。)

⊙ 如果要關閉所選字元的字距微調功能,
請將「**字元→字距微調→設為 0**」。

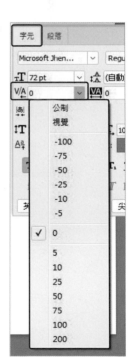

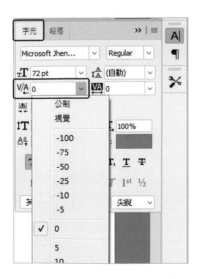

TIPS 按 Alt + 向左鍵／向右鍵（Windows）或 Option + 向左鍵／向右鍵（Mac OS）以增加或減少兩個字元之間的間距。

二、調整字距

1 點選某範圍中的字元或要調整的文字物件。

2 點選「字元→字距調整」。

6.3 文字基線位移

使用「**基線位移**」將選取的字元以相對於周圍文字的基線向上或向下移動。再以手動設定分數，調整圖片字體的位置、中英文對齊時，位移基線特別實用。

1 選擇要變更的字元或文字物件。如果不選取任何文字，位移將會套用至所建立的新文字上。

2 在「**字元→基線位移**」中。輸入**正值**字元的基線會移動到文字行基線的上方；輸入**負值**則會將基線移動到下方。

6.4　快速遮色片

要使用「快速遮色片」模式來快速建立和編輯選取範圍，先選取範圍，再增加至或減去選取範圍進行製作遮色片。

顏色會區分出被保護和不被保護的區域，當離開「快速遮色片」模式時，不被保護的區域就會成為選取範圍。

TIPS　當在「快速遮色片」模式中工作時，暫時的「快速遮色片」色版會顯示在「色版」面板中。

一、建立及編輯快速遮色片

1 點選要變更的影像部分。

2 按一下「**快速遮色片**」模式按鈕。
會有顏色的覆蓋並保護選取範圍以外的區域。這個遮色片**不會保護已選取的區域**。根據預設，「快速遮色片」模式會使用 50% 的不透明紅色來覆蓋。

3 若要**編輯遮色片**，請選取繪畫工具。工具箱中的前景色與背景色會自動變成**黑白色**。

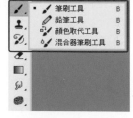

4 以**白色**來塗繪，**選取影像的更多區域**（有顏色的覆蓋會從塗成白色的區域
中移除）。若要**取消選取區域**，要將該區域塗成**黑色**。用灰色或其他顏色
繪製可以建立半透明的區域，適用於羽化或消除鋸齒效果。

5 按一下「標準模式」按鈕，關閉快速遮色片再回到原始的影像。這樣快速
遮色片中**不受保護的區域周圍會出現選取範圍邊界**。

如果把羽化遮色片轉換為選取範圍，邊界線會延伸到遮色片漸層中的黑
色像素和白色像素中間。選取範圍邊界會指出**少於 50%選取區域和多於
50%選取區域**像素之間的轉變。

6 將想要的變更套用到影像中，變更只會影響選取的區域。

7 想取消選取範圍，點選「**選取→取消選取**」。

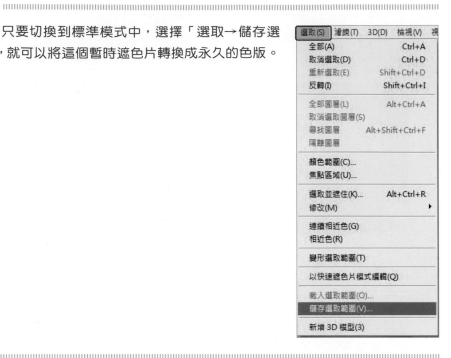

TIPS 只要切換到標準模式中，選擇「選取→儲存選取範圍」，就可以將這個暫時遮色片轉換成永久的色版。

二、變更快速遮色片選項

1 按兩下工具箱中的「**快速遮色片模式**」按鈕。

2 從下列顯示選項中進行選擇：

◯ 遮色片區域：

將遮色片區域設為黑色（不透明），選取的區域設為白色（透明）。以黑色塗色來增加遮色片區域；以白色塗色來增加選取區域，選取這個選項時工具箱中的「快速遮色片 」按鈕會變成灰底白色圓形。

⊙ **選取的區域：**

將遮色片區域設為白色（透明），選取的區域設為黑色（不透明）。以白色
塗色來增加遮色片區域；以黑色塗色來增加選取區域，選取這個選項時工
具箱中的「快速遮色片 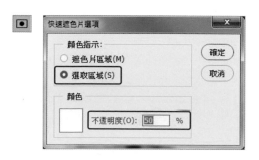 」按鈕會成為**白底的灰色圓形**。

3 要選擇新的遮色片顏色就按一下**顏色方框**，選擇新的顏色。

4 要變更不透明度，就輸入介於 0% 與 100% 之間的數值。

顏色和不透明度兩種設定都只會影響遮色片的外觀，對於下面區域的保護方式
則沒有任何影響。如果變更這些設定，可能會使遮色片更能從影像的顏色中凸
顯出來。

綜合應用範例

6.5 影像修圖、圖層樣式與善用調整邊緣 去背合成的海報製作

使用功能

路徑編輯與調整邊緣、遮色片編輯、智慧型物件、進階圖層樣式。

範例素材 素材來源：Sui Bei、蔡嘉雯 老師

Photoshop ＞ part6- 實務範例

完成檔案

Photoshop ＞ part6- 實務範例＞ part6- 實務範例 ok

範例實作

1 路徑去背與製作遮色片圖層

① 執行「**檔案＞開新檔案**」，新
   增 A4 規格檔案。

② 執行「**檔案＞開啓舊檔＞
   part6-實務範例＞part6-
   實務範例 01.jpg**」。

③ 執行「**圖層＞複製圖層**」，將
   相片複製到 A4 文件中。

④ 使用鋼筆工具，製作人物去背路徑，並儲存「**路徑 1**」。

⑤ 路徑視窗中，執行「**路徑＞製作選取範圍**」。

⑥ 執行「選取>調整邊緣」。

TIPS

調整邊緣與各項選取工具配合，進行更精準的選取。應用調整邊緣選項，可快速將物件去背的邊緣作更細緻的處理，CS5 以上針對髮絲、毛髮邊緣更加強自動去背的功能，可在設定內進行調整預覽結果。

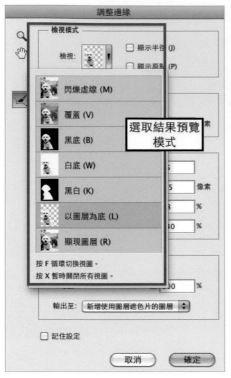

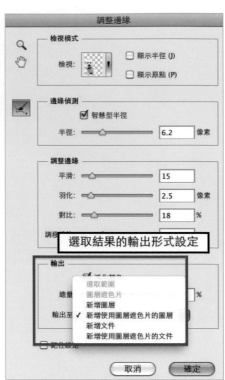

2 編輯遮色片圖層

① 執行「檔案＞開啟舊檔＞ part6- 實務
範例＞ part6- 實務範例 04.jpg」。

② 執行「**圖層＞複製圖層**」，
　 將相片複製到 A4 文件中。

③ 使用移動工具將櫻花往上方
　 移動。

④ 在圖層視窗中拖曳圖層，調整圖層順序。

⑤ 執行「圖層＞圖層遮色片＞全部顯現」，建立白色圖層遮色片。

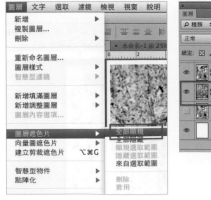

⑥ 切換選取圖層遮色片，在工具箱中使用「漸層工具」，確認前景色與背景色後，由上往下拖曳產生「白色到黑色」的漸層。

框選遮色片，進行編輯圖層遮色片

TIPS 　遮色片中，黑色代表隱藏畫面、灰色為半透明，白色為顯現畫面，以白到黑漸層方式，影像會產生由無到有的表現。

3 編輯智慧型物件

① 在圖層視窗中點擊圖層
　　名稱，進行圖層更名。

② 執行「**編輯＞變形＞縮放**」，在控制把手時，
　　同時按住 Shift 鍵進行等比例縮小畫面。

③ 執行「**檔案＞開啓舊檔**＞ part6- 實務範例＞ part6- 實務範例 02.jpg」。

④ 執行「**圖層＞複製圖層**」，將相
片複製到 A4 文件中。

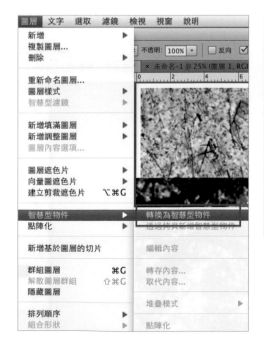

⑤ 執行「**圖層＞智慧型物件＞轉換為智慧型物件**」。

⑥ 執行「**編輯＞任意變形**」，在控制把手時，同時按住 Shift 鍵進行等比例縮小畫面。

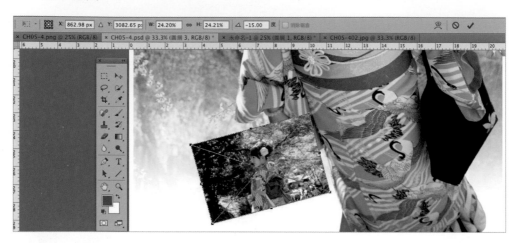

TIPS 　智慧型物件在縮放、旋轉⋯變形後，可保留原始影像尺寸資訊，但無法執行濾鏡以及影像調整等功能，使用智慧型物件，可在影像調色與特效完成後，變形之前轉換，若未來需要還原影像尺寸或調整尺寸，即可透過選項列直接確認影像原始的規格。縮放影像時，亦可透過選項列進行設定與確認。

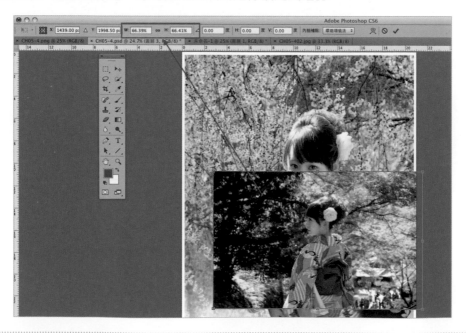

⑦ 執行「**檔案 > 開啓舊檔 >
part6- 實務範例 > part6- 實
務範例 03.jpg**」。

⑧ 重複步驟 8 ～
10，將影像複
製到 A4 文件
為「**圖層 4**」，
並轉換成「**智
慧型物件**」進
行縮放構圖。

4 編輯圖層樣式

① 「圖層 4」執行「**圖層＞圖層樣式＞筆畫**」，開啟圖層樣式設定筆畫與陰影。

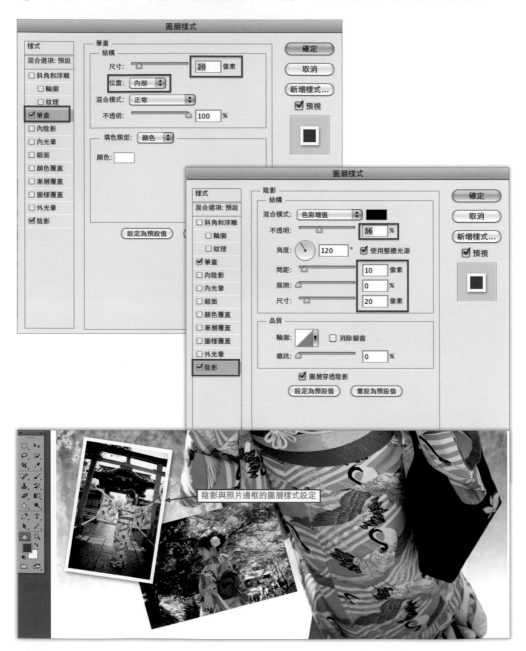

陰影與照片邊框的圖層樣式設定

② 執行「**圖層＞圖層樣式 ＞拷貝圖層樣式**」。

③ 切換選取「**圖層 3**」執行「**圖層＞圖層樣 式＞貼上圖層樣式**」。

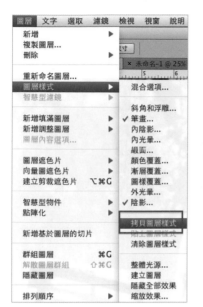

④ 在圖層視窗中,切換「圖層 3」與「圖層 2」順序。

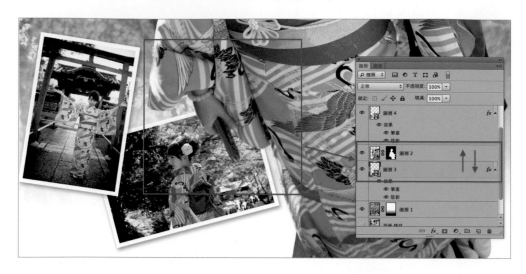

5 文字圖層與圖層樣式

① 使用「文字工具」,輸入標題文字。

② 執行「**圖層＞圖層樣式＞筆畫**」，設定「**筆畫**」、「**顏色覆蓋**」、「**漸層覆蓋**」、「**陰影**」4 個選項。

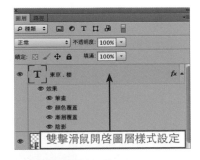

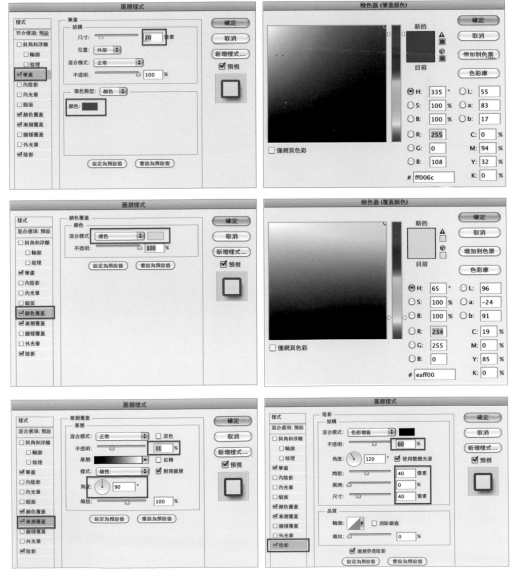

TIPS 圖層樣式，上方的會蓋住
下方的樣式設定，並與圖層視窗中
的圖層模式相同概念，若效果有更
改「混合模式」選項，則依混合模
式的色彩，對下方樣式進行影像混
色的作用呈現。

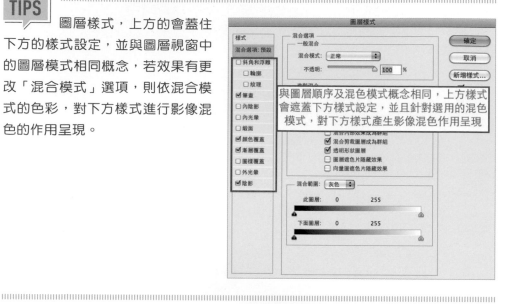

③ 執行「檔案＞另存新檔＞part6- 實務範例 ok.psd」。

6.6 認證模擬試題練習

觀念題

1. 文件中有使用陰影的文字圖層。

   您需要使用文字變透明而不變更陰影的透明度。

   請問您該怎麼做？

   ☐（A）按一下圖層旁邊的眼睛圖示。

   ☐（B）將不透明度的值變更為 0％。

   ☐（C）將填滿的值變更為 0％。

   ☐（D）按一下圖層縮圖。

2. 哪兩個敘述描述字距微調和字距調整？（請選擇 2 個答案）

   ☐（A）字距微調是兩行之間的空間。

   ☐（B）字距微調是一對字元之間的空間。

   ☐（C）字距調整是一串字元之間的間距。

   ☐（D）字距調整是第一行和第二行文字之間的空間。

3. 請選取每個文字樣式詞彙並放入指出它所影響之文字特性的目標區域中。

   (注意：每答對一個選項，可得到部分分數。)

   印刷樣式詞彙：

   （A）字元間距調整

   （B）行距

   （C）基準線

4. 圖層視窗的哪個對象可以用橡皮差工具無損
   編輯?

   (作答時,請單擊選擇以突出顯示該對象的縮
   略圖。)

實作題

1. 將「鉻黃緞面 (文字)」樣式預設套用於文字。

2. 設定「適量」圖層的文字大小，以符合「衛生」圖層的設定。

3. 將以下字元樣式設定套用於「紅貴賓」
   文字：

   ● 標楷體

   ● 200pt

   ● 色彩：#a80018

4. 將名為蘇克桑山的圖層移到名為邊框的群組中，以便顯示文字。

5. 修改名為 Bella 的檔案，以便您可以套用非破壞性濾鏡。

6. 您正在為客戶製作一張海報。請在矩形內，加入單一文字圖層，包含下列兩行文字：

Turtle Beach
Maui

使用下列品牌方針：

- 字型：Arial Bold
- 色彩：#093355
- 大小：24pt
- 對齊方式：左側對齊
- 行距：30pt

產生的文件看起來應該項展示圖一樣。

展示圖

7. 將具有以下設定圖層樣式套用於文字天際線：

   ● 平滑的內斜角

   ● 深度：100%

   ● 大小：7 像素

8. 建立一個遮色片，非破壞性地顯示建築物並隱藏天空。

9. 在圖層面板上，僅鎖定經文字剪裁遮色片後的影像圖層的位置選項。

07 檔案轉存與網頁動態 banner 設計

7.1 檔案轉存

一、以網頁使用方式轉存

選取「**檔案 → 轉存 → 儲存為網頁用**」。

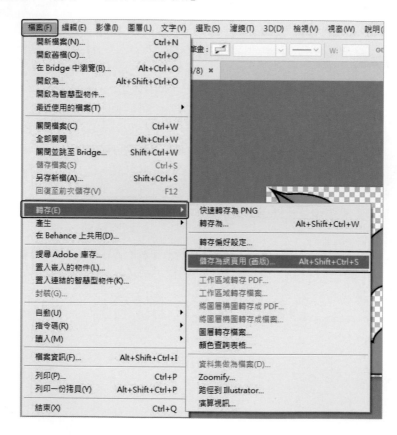

二、以 TIFF 格式儲存

TIFF 是一種很有彈性的點陣圖影像格式，幾乎所有繪畫、影像編輯和頁面編排應用程式都能支援它。

1 點選「**檔案 → 另存新檔**」，選擇「**存檔類型 → TIFF → 存檔**」。

2 點選「**TIFF 選項 → 選取需要的選項 → 確定**」。

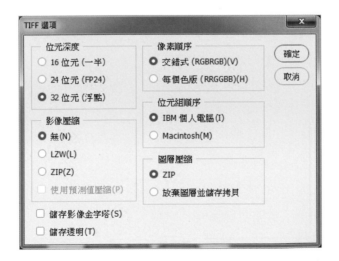

⊙ **位元深度**：僅適用於 32 位元。

⊙ **指定儲存影像的位元深度**：16、24 或 32 位元。

⊘ **影像壓縮**

指定壓縮複合影像資料的方法。

如果要儲存 32 位元的 TIFF 檔案，可以使用預測值壓縮來儲存檔案，但沒有使用 JPEG 壓縮的選項可供使用。預測值壓縮可經由重新排列浮點數值提供增強的壓縮方式，並且可搭配 **LZW** 和 **ZIP** 壓縮來使用。

TIPS JPEG 壓縮僅適用於每個色版 8 位元且寬或高不超過 30,000 像素的不透明 RGB 和灰階影像。

⊘ **像素順序**

寫入 TIFF 檔案時，採用交錯的色版資料或平面加以組織。

平面順序檔案的讀寫速度較快，而且可以提供稍微好一點的壓縮效果。

⊘ **位元組順序**

選取可以讀取檔案的平台。如果不確定檔案可以用哪一種程式開啟，就可以使用這個選項。Photoshop 和大多數應用程式一樣，都可以使用 IBM PC 或 Macintosh 位元組順序讀取檔案。

⊘ **儲存影像金字塔**

保留多重解析度的資訊。Photoshop 未提供開啟多重解析度檔案的選項，因此會以檔案中最高的解析度開啟影像。但是 Adobe InDesign 和有些影像伺服器會支援開啟多重解析度的格式。

⊘ **儲存透明**

在其他應用程式中開啟檔案時，將透明保留為另一個 Alpha 色版。在 Photoshop 中重新開啟檔案時，永遠會保留透明。

⊘ **圖層壓縮**

指定壓縮圖層中像素資料的方法。許多應用程式都無法讀取圖層資料，因此在開啟 TIFF 檔案時會略過這些資料。但是，Photoshop 可以讀取 TIFF 檔案中的圖層資料。雖然包含圖層資料的檔案比不含圖層資料的檔

案要大，但是儲存圖層資料卻可以不必儲存及管理不同的 PSD 檔案。若要將影像平面化，就選擇「**放棄圖層並儲存拷貝**」。

TIPS 若要 Photoshop 在儲存多重圖層的影像之前提示，在「偏好設定 → 檔案處理 → 儲存圖層式 TIFF 檔案之前先詢問」。

三、以 JPEG 格式儲存

網頁使用圖片格式，點選「**另存新檔 → JPEG (*.jpg) 格式儲存 (CMYK、RGB 和灰階影像)**」。JPEG 會選擇性地放棄資料、壓縮檔案大小。也可以使用「**檔案 → 轉存 → 儲存為網頁用**」，將影像儲存為一或多個 JPEG。

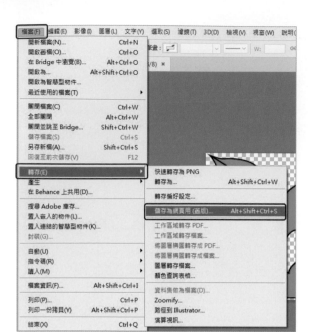

JPEG 僅支援 8 位元影像。如果將 16 位元影像儲存為此格式，Photoshop 會自動降低位元深度。

TIPS 如果要快速儲存品質中等的 JPEG，請在檔案上播放「另存新檔為 JPEG 中等品質格式」動作。可以從「動作」面板選單中 →「作品」以存取這個動作。

1 點選「**檔案 → 另存新檔 → 存檔類型 → JPEG**」。

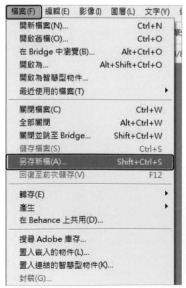

2 點選「JPEG 選項 → 影像選項 → 確定」。

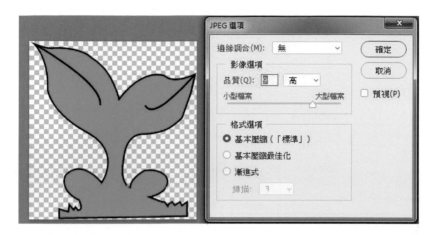

⊙ **邊緣調合：**

提供邊緣調合色選項，在包含透明效果的影像中模擬背景透明的外觀。

⊙ **影像選項：**

指定**影像品質**。在品質一欄中輸入介於 0 到 12 之間的數值，或是從彈出式滑桿拖移品質。

⊙ **格式選項：**

指定 **JPEG 檔案的格式**。「基本壓縮（標準）」會使用大多數網頁瀏覽器都能辨識的格式。「基本壓縮最佳化」會建立最佳化色彩且比較小的檔案。「漸進式」會在影像下載時顯示一系列愈來愈詳盡的影像版本。（不是所有網頁瀏覽器都能支援最佳化和漸進式的 JPEG 影像。）

TIPS 有些應用程式可能無法讀取以 JPEG 格式儲存的 CMYK 檔案。同樣的，如果發現 Java 應用程式無法讀取 JPEG 檔案，請嘗試在儲存檔案時不要包含縮圖預視。

四、以 PNG 格式儲存

PNG 是網頁圖片格式的一種。點選「**另存新檔 → PNG 格式儲存**（可以針對以下的影像模式進行儲存：RGB、索引色、灰階、點陣圖）」。

1️⃣ 點選「**檔案 → 另存新檔 → 存檔類型 → PNG**」。

2 點選「**交錯**」選項：

交錯式：

在下載檔案的同時，會先顯示低解析度的影像。交錯式可以讓下載時間顯得比較短，但是會增加檔案大小。

TIPS 可以將工作區域、圖層、圖層群組或文件轉存為 JPEG、GIF、PNG、PNG-8 或 SVG 影像。在「圖層」面板中選取項目，接著以滑鼠右鍵按一下選取的項目，然後從快顯功能表選取「快速轉存」或「轉存為」。

五、以 GIF 格式儲存

GIF 是網頁使用的 256 色圖片。要存成 GIF 格式之前，要先確認檔案模式為 RGB、索引色、灰階、點陣圖這四種模式。點選「**另存新檔 → CompuServe GIF (或稱為 GIF) 格式**」。影像會自動轉換成索引色模式。

TIPS 當影像是 8 位元 / 色版時，才能使用 GIF（GIF 僅支援 8 位元 / 色版）。

1 點選「檔案 → 另存新檔 → 格式 → CompuServe GIF」。

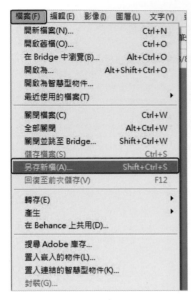

2 如果是 RGB 影像就會顯示「**索引色**」對話框。指定轉換選項後 → 確定。

3 點選「**GIF 檔案 → 確定**」。

交錯式

在下載檔案的同時，會先顯示低
解析度的影像。交錯式可以讓下
載時間顯得比較短，但是會增加
檔案大小。

六、以 Photoshop EPS 格式儲存

幾乎所有的排版、文字處理以及繪圖應用程式，都可以接受讀入或置入的 EPS (壓縮式 PostScript) 檔案。若要列印 EPS 檔案應該使用 PostScript 印表機。除了 PostScript 印表機以外，其他印表機都只能以螢幕解析度來列印預視。

1 點選「**檔案 → 另存新檔 → 格式 → Photoshop EPS**」。

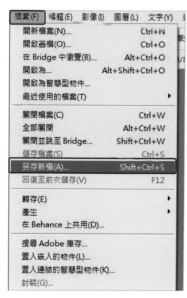

2 在「**EPS 選項 → 選取需要的選項 → 確定**」。

⊘ **預視**

建立低解析度的影像，在目的地應
用程式中檢視。如果要讓 Windows
與 Mac OS 系統共用 EPS 檔案，
就選擇 TIFF。8 位元預視為彩色影
像，而 1 位元預視則為有鋸齒外觀
的黑白影像。但是以 8 位元預視建
立的檔案會比 1 位元預視大。

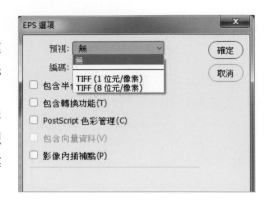

⊘ **編碼**

決定影像資料傳送到 PostScript 輸出裝置的方式。

⊘ **包含半色調網屏和包含轉換功能**

控制高階商業印刷工作的列印規格。在選取這些選項前要先洽詢印表機服
務人員。

⊘ **透明白色**

將白色區域顯示為透明。這個選項只能用於**點陣圖模式的影像**。

⊘ **色彩管理**

將檔案資料轉換成印表機的色域。如果準備將影像置入其他色彩管理的文
件中，請**不要**選取這個選項。

TIPS 　只有 PostScript Level 3 的印表機支援 CMYK 影像的 PostScript 色彩
管理。若要在 Level 2 印表機上使用 PostScript 色彩管理列印 CMYK 影像，請
先將影像轉換成 Lab 模式，再以 EPS 格式儲存。

⊘ **包含向量資料**

保留檔案中所有的向量圖像。但是，**EPS 和 DCS** 檔案中的向量資料只能
供其他應用程式使用；如果在 Photoshop 中重新開啟檔案，會將向量資
料點陣化。那檔案**必須包含向量資料**，才能使用這個選項。

⊙ **影像內插補點**

　套用環迴增值法內插補點，在列印低解析度的預視時使其平滑。

七、Photoshop EPS 編碼選項

● **ASCII 或 ASCII85**

　若是從 Windows 系統列印，或者遭
遇列印錯誤或其他困難，請選擇這兩
種編碼。

● **二進位**

　產生的檔案比較小，而且原始資料不
會受到影響。不過有些頁面編排應用
程式和商業多工緩衝列印及網路列印
軟體可能不支援二進位 Photoshop
EPS 檔案。

● **JPEG**

　透過放棄部分影像資料的方式壓縮檔案。可以從**非常少** (JPEG 最高品質)
到**非常多** (JPEG 低品質) 的 JPEG 壓縮量中做選擇。具有 JPEG 編碼的檔
案只能在 Level 2 或更新的 PostScript 印表機上列印，且不能分割成個別
的印版。

八、以 Photoshop DCS 格式儲存

DCS 格式是 EPS 的一種版本，可用來儲存 CMYK 分色或多重色版檔案。

1 點選「**檔案 → 另存新檔 → 格式 →**『**Photoshop
DCS 1.0**』或『**Photoshop DCS 2.0**』」。

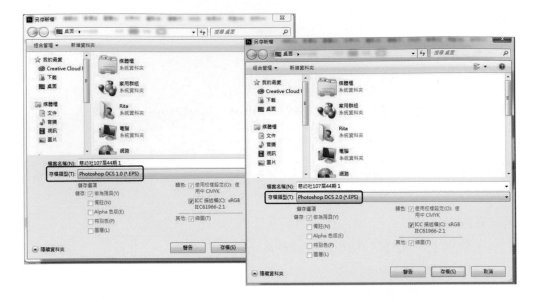

2 在「DCS 格式 → 選取需要的選項 → 確定」。

這個對話框包含可供 Photoshop EPS 檔案使用的所有選項。另外 DCS 選單還提供了一個選項，讓各位建立可以置入頁面版面應用程式或用來校對影像的 72 ppi 複合檔案：

⟩ **DCS 1.0 格式**

為 CMYK 影像中的每個色彩色版建立一個檔案。也可以再建立第五個檔案：灰階或彩色複合檔案。必須將五個檔案全部保存在相同的檔案夾中，才能檢視複合檔案。

⟩ **DCS 2.0 格式**

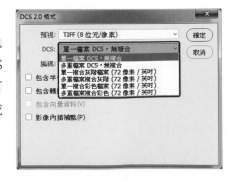

保留影像中的特別色色版。可以將色彩色版儲存為多個檔案 (如同 DCS 1.0) 或單一檔案。單一檔案的選項可以節省磁碟空間，也可以包含灰階或彩色複合檔案。

九、以 Photoshop Raw 格式儲存

Photoshop 原始資料格式，可在應用程式和電腦平台之間轉換影像。
Photoshop 原始資料格式與相機原始資料不同。

1 點選「**檔案 → 另存新檔 → 格式 → Photoshop Raw**」。

2 在「**Photoshop Raw 選項**」對話框中，執行下列作業：

◎ (Mac OS) 指定「**檔案類型**」與「**檔案建立者**」的值，或是接受預設值。

◎ 指定「**頁首**」參數。

◎ 選擇是否要將色版儲存為相交或非相交順序。

十、以 BMP 格式儲存

BMP 格式是一種用於 Windows 作業系統的影像格式，影像的範圍可以從黑白 (每像素 1 位元) 到最高 24 位元色彩 (16.7 百萬色)。

1 點選「**檔案 → 另存新檔 → 存檔類型 → BMP**」。

2 指定「**檔名和位置 → 存檔**」。

3 在「**BMP 選項 → 檔案格式**和指定**位元深度**」；如果有需要的話，可以**加選**「**翻轉行序**」。如需更多選項，按一下「**進階模式**」並指定 BMP 選項。

十一、以 Cineon 格式儲存 (僅限 16 位元影像)

每色版 16 位元的 RGB 影像，可以用 Cineon 格式儲存，以在 Kodak Cineon 底片系統中使用。

1 點選「**檔案 → 另存新檔 → 存檔類型 → Cineon**」。

2 指定「**檔名和位置 → 存檔**」。

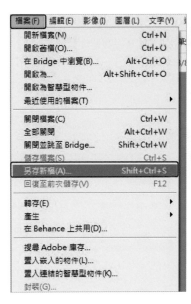

十二、以 Targa 格式儲存

視訊用圖片，**Targa (TGA)** 格式支援點陣圖和具有 8 位元 / 色版的 RGB 影像。它是**專為 Truevision® 硬體所設計的格式**，但也可以在其他應用程式中使用。

1 點選「**檔案 → 另存新檔 → 存檔類型 → Targa**」。

2 指定「**檔名和位置 → 存檔**」。

3 在「Targa 選項中 → 選解析度」，想要壓縮
檔案的話，「選取壓縮 (RLE) → 確定」。

綜合應用範例

7.2 網頁 banner 動態 gif 設計

使用功能
網頁規格檔案設定、向量素材置入、文字圖層、圖層樣式編輯與動態 gif 設計。

範例素材
Photoshop > part7- 實務範例

完成檔案
Photoshop > part7- 實務範例>
part7- 實務範例 ok

範例實作

1 新增網頁規格檔案

① 執行「**檔案>開新檔案**」，新
增網頁規格檔案。

CONCEPT 製作檔案如使用於螢幕或行動裝置上，以長 x 寬的像素（pixel）
單位定義規格。可在預設集中先預選「網頁」或「行動裝置」選項，依據網站或商
城平台…所提供的資訊，再設定需求的像素數值。

② 執行「圖層＞新增填滿圖層＞純色」。

2 置入向量素材、文字圖層、圖層樣式編輯

① 執行「**檔案＞置入**」置入檔案「**part7- 實務範例 01.ai**」。

② 在置入之變形選項狀態中，旋轉縮放置放圖形如圖。

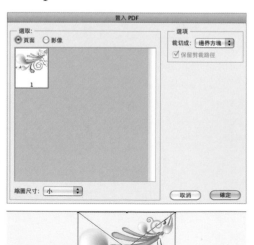

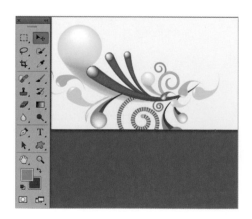

③ 重複步驟 1 ～ 2,「**檔案＞置入**」再置入檔案「**part7- 實務範例 01.ai**」, 並構圖如圖。

TIPS 或可直接複製圖層方式,執行「編輯＞任意變形」進行變形旋轉。

④ 使用「**自訂形狀工具**」製作心型 物件。

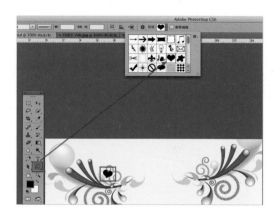

⑤ 執行「**圖層＞圖層樣式＞筆畫**」設定心型圖形外框線,以及開啟「**漸層覆 蓋**」、「**外光暈**」設定。

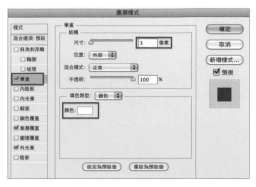

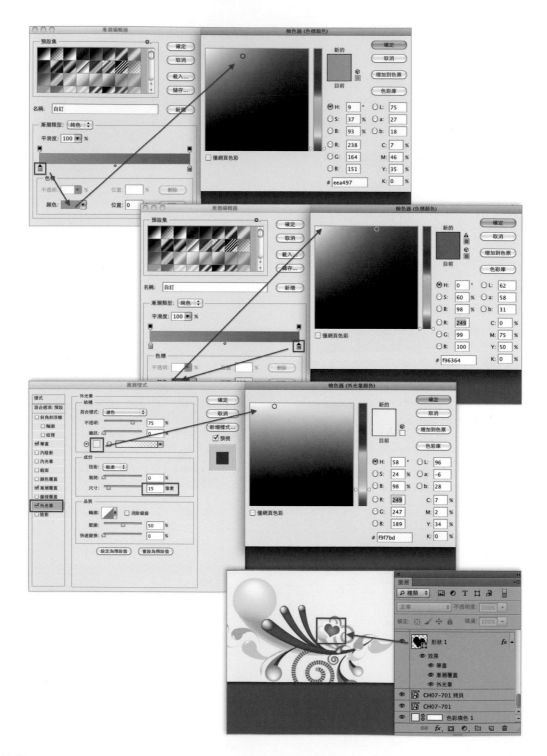

⑥ 執行「**圖層＞複製圖層**」，將「**形狀 1**」心型圖層複製後，再執行「**編輯＞任意變形**」進行構圖。

⑦ 使用文字工具，配合「**視窗＞字元**」，輸入「**七夕**」標題文字。

⑧ 執行「**編輯＞變形＞旋轉**」，將「七夕」標題，放置在畫面左上方。

⑨ 執行「圖層＞圖層樣式＞筆畫」設定「七夕」標題文字，以及開啟「顏色覆蓋」「漸層覆蓋」、「陰影」設定。

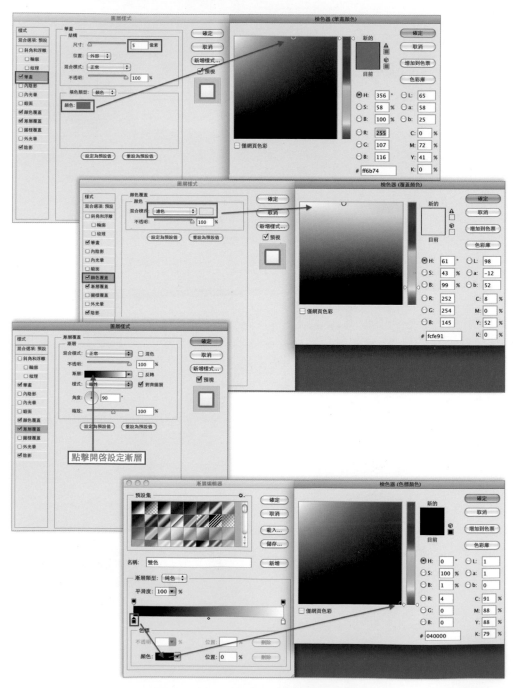

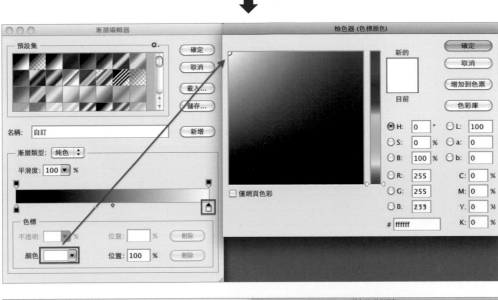

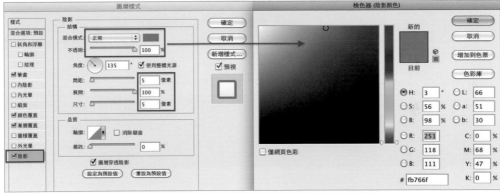

⑩ 執行「**圖層＞複製圖層**」，將「七夕」標題字圖層複製後，再執行「**編輯 ＞任意變形**」進行構圖。

⑪ 執行「**圖層＞複製圖層**」，將「七夕」標題字圖層複製後，再執行「**編輯 ＞任意變形**」進行構圖。

⑫ 執行「**圖層＞複製圖層**」，將「七夕」標題字圖層複製後，再執行「**編輯 ＞任意變形**」進行構圖。

⑬ 執行「**檔案＞開啟舊檔＞ part7- 實務範例 02.png**」。

⑭ 執行「**圖層＞複製圖層**」，將漂漂老師 公仔複製到 banner 檔案中。

⑮ 執行「**圖層＞智慧型物件＞轉換為智慧型 物件**」，保留圖形原始尺寸參數。

⑯ 執行「**編輯＞任意變形**」，將漂漂老師公仔 進行尺寸縮放構圖。

⑰ 執行「圖層＞圖層樣式＞筆畫」設定漂漂老師公仔外框線，以及開啟「**外光暈**」設定。

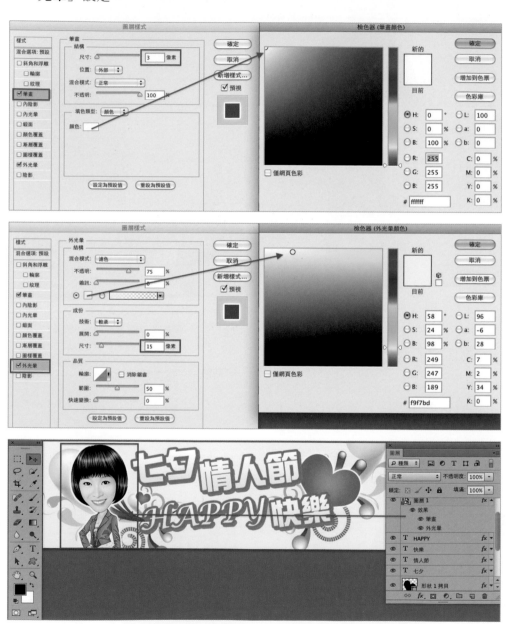

⑱ 使用圓角矩形工具製作 banner 下方文字標題底色色塊。

⑲ 在圖層視窗中選取漂漂老師公仔「**圖層 1**」，執行「**圖層＞圖層樣式＞拷貝圖層樣式**」。

⑳ 在圖層視窗中選取文字標題底色色塊「**圓角矩形 1**」圖層，執行「**圖層＞圖層樣式＞貼上圖層樣式**」。

㉑ 使用文字工具，在字元視窗中設定參數，輸入標題色塊上的文字。

㉒ 執行「**檔案＞另存新檔＞ part7- 實務範例 ok.psd**」。

3 製作動態 gif banner 設計

① 複製漂漂老師公仔圖層，並執行
　「**編輯＞旋轉**」進行「圖層 1 拷
　貝」的變形後，將「圖層 1 拷
　貝」暫時隱藏。

② 選取 4 個標題字圖層，執行「**圖
　層＞群組圖層**」。

③ 設定標題文字「**群組 1**」不透明度為 0%。

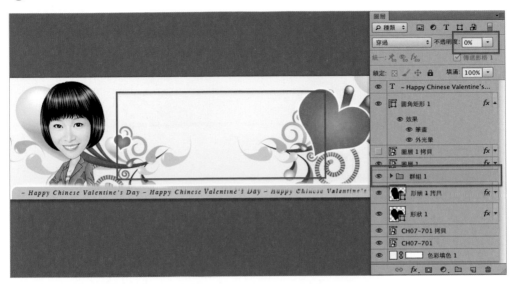

④ 使用「**移動工具**」，將兩個心型形狀圖層往左下方移動。

⑤ 執行「**視窗＞時間軸**」開啟動畫設定面板視窗。

⑥ 在時間軸視窗新增影格。

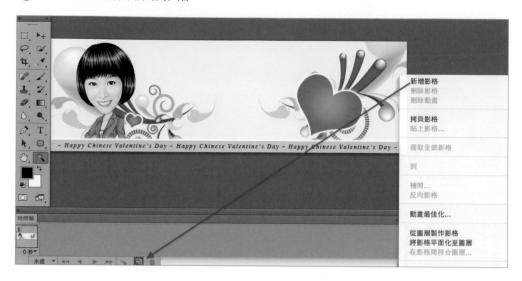

⑦ 在影格 2，設定兩個心型形狀往右上方移動，「群組 1」不透明度改回 100%。

⑧ 在「時間軸」視窗，同時選取兩個影格，進行「補間動畫影格」選項設定。

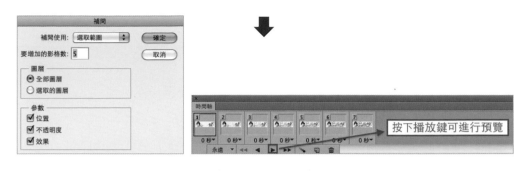

⑨ 在「**時間軸**」視窗，設定第 2、4、6 三個影格，在圖層視窗中，切換漂漂老師公仔圖的「圖層 1」與「圖層 1 拷貝」的顯示設定。

⑩ 在「時間軸」視窗,按下播放鍵進行七格影格動畫預覽。

TIPS 影格動畫可設定每張影格停留時間,在電腦本機預覽時,速度會較網路上來得快,由於網路有上下載速度的考量,實際製作,建議以 0 秒進行設定。

輸出播放設定可設定「一次」、「三次」、「永遠」(無限次重複播放)、「其他」,可依腳本設計進行設定。

補間動畫可先選定要執行的影格，設定中間要增加的
影格數量，增加愈多，動態愈細緻，但輸出檔案就
愈大，由於動態 gif 在網頁上需先完整下載後才能播
出，因此過大的檔案，可能會在觀者尚未觀賞前，就
失去閱聽興趣而關閉網頁，因此輸出時建議設定在
250k 大小左右的規格較佳。

補間動畫可產生的參數：位置、不透明度、效果（圖
層樣式），因此以上三項若兩影格之間的參數內容設定相異，則可產生中間動態補
間影格，如需製作更複雜的動態，可依本例製作漂漂老師公仔圖層的形式，以顯示
及隱藏影格的方式進行設定，或以專業影像動畫軟體（如：Adobe After Effects
進行製作與輸出）。

---

4 儲存與輸出

① 執行「**檔案 > 另存新檔 >part7- 實務範例 ani-ok.psd**」，保留動畫時間
   軸設定內容。

② 執行「檔案＞儲存為網頁用…」，將檔案輸出成動態 gif 格式。

TIPS　儲存為網頁用，可快速儲存 jpg、png、gif 三種格式檔案，一般使用兩欄式視窗作為儲存時的比對，兩欄式視窗一為原稿的尺寸與圖像，另一為右方設定後，呈現的檔案樣貌以及檔案尺寸規格，左方工具箱與 Photoshop 工具箱用法相同，右下方提供快速影像尺寸的修改輸出功能。若在 Photoshop 使用動畫功能，則檔案儲存成 gif 格式時，放在瀏覽器中可以看到動態效果。

由於動態 gif 在網頁上需先完整下載後才能播出，因此過大的檔案，可能會在觀者尚未觀賞前，就失去閱聽興趣而關閉網頁，影響檔案大小的因素，除了影格的數量，尚有影像色彩的表現，以及色盤的組成方式，輸出時建議設定在 250k 大小左右的規格較佳。

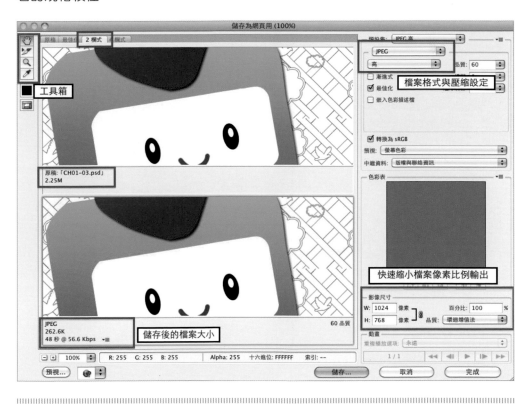

7.3 認證模擬試題練習

觀念題

1. 將檔案類型及其定義進行配對。

 (注意：每完成一項正確配對就能得分。)

 ☐ (A) JPEG

 ☐ (B) PNG-8

 ☐ (C) PNG-24

 ☐ (D) PSD

 ☐ (E) TIFF

 ❶ 大多數繪圖、影像編輯和頁面配置應用程式支援的檔案格式，是用於在應用程式和電腦平台之間交換檔案

 ❷ 建議用於具有複雜色彩的靜止影像、相片和影像的檔案格式

 ❸ 支援 Photoshop 所有功能的檔案格式

 ❹ 僅支援 256 色的檔案格式，可以用來代替 GIF

 ❺ 支援不限色彩和完全透明的檔案格式

2. 您使用快速轉存命令。 預設會產生哪種檔案格式？

 ☐ (A) GIF

 ☐ (B) JPG

 ☐ (C) PNG

 ☐ (D) SVG

 ☐ (E) TIFF

3. 哪個功能表選項可以您將每個圖層（包括隱藏圖層）轉存到具有同一檔案名稱字首的 PNG-24 檔案？

（作答時，請單擊選擇以突出顯示作答區中的正確選項。）

實作題

1. 您的客戶需要準備產品發表的廣告。將中繼資料版權狀態修改為受版權保護。

2. 設定 Photoshop 以確保所有轉存的影像都包含版權與聯絡資訊。

Photoshop 影像編修與視覺設計 (適用 CC 2019~2021，含國際認證模擬試題)

作　　　者：Adobe 世界盃競賽冠軍隊講師 漂漂老師 蔡雅琦
企劃編輯：王建賀
文字編輯：詹祐甯
設計裝幀：張寶莉
發 行 人：廖文良

發 行 所：碁峰資訊股份有限公司
地　　　址：台北市南港區三重路 66 號 7 樓之 6
電　　　話：(02)2788-2408
傳　　　真：(02)8192-4433
網　　　站：www.gotop.com.tw
書　　　號：AER057700
版　　　次：2021 年 10 月初版
建議售價：NT$480

國家圖書館出版品預行編目資料

Photoshop 影像編修與視覺設計(適用 CC 2019~2021，含國際認證模擬試題)/ 蔡雅琦著.-- 初版.-- 臺北市：碁峰資訊, 2021.10
　　面；　　公分
　　ISBN 978-986-502-940-1(平裝)
　　1.數位影像處理
312.837　　　　　　　　　　　　　　　　　110014479

讀者服務

● 感謝您購買碁峰圖書，如果您對本書的內容或表達上有不清楚的地方或其他建議，請至碁峰網站：「聯絡我們」\「圖書問題」留下您所購買之書籍及問題。(請註明購買書籍之書號及書名，以及問題頁數，以便能儘快為您處理)
http://www.gotop.com.tw

● 售後服務僅限書籍本身內容，若是軟、硬體問題，請您直接與軟體廠商聯絡。

● 若於購買書籍後發現有破損、缺頁、裝訂錯誤之問題，請直接將書寄回更換，並註明您的姓名、連絡電話及地址，將有專人與您連絡補寄商品。